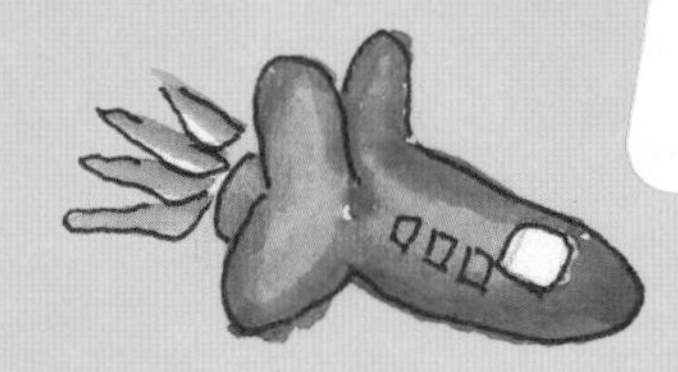

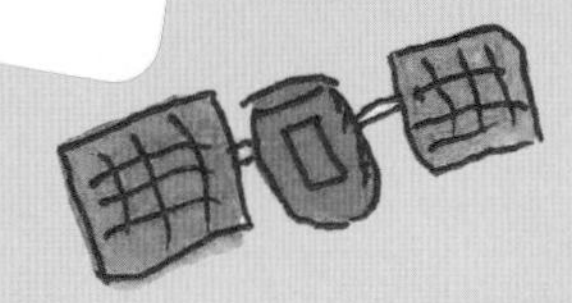

写给孩子的人类科学史

张颖异◎编著 杰涩猫儿◎绘

中国商业出版社

图书在版编目（CIP）数据

写给孩子的人类科学史 / 张颖异编著；杰涩猫儿绘.
—北京：中国商业出版社，2020.6
ISBN 978-7-5208-0835-4

Ⅰ.①写… Ⅱ.①张… ②杰… Ⅲ.①人类学—儿童读物
Ⅳ.① Q98-49

中国版本图书馆 CIP 数据核字（2019）第 145678 号

责任编辑：袁娜

中国商业出版社出版发行
010-63180647　www.c-cbook.com
（100053　北京广安门内报国寺 1 号）
新华书店经销
三河市华润印刷有限公司印刷
*
787 毫米 ×1092 毫米　16 开　18 印张　290 千字
2020 年 6 月第 1 版　2020 年 6 月第 1 次印刷
定价：76.00 元
*　*　*　*

前言

孩子，你知道人类最初从何而来吗？你知道世界原本是什么模样吗？科学又是如何走进我们的生活，如何改变了这个世界吗？人类科学的发展又经历了怎样的艰难摸索和惊心动魄呢？它的未来方向会是怎样？或许这本《写给孩子的人类科学史》会给你答案。

让我们先回到那最古老的年代吧。最初的人类茹毛饮血，以石为刃，后来发展到刀耕火种，结绳记事，出现了人类文明的萌芽。但没有科学的指引，人类宛如婴儿在黑夜里摸索前行。那时的科学实际上是与巫术同根的。当时的自然条件十分恶劣，人类的生活凶险而艰难，见到电闪雷鸣、山洪暴发等自然现象就恐惧不已，以为是天地神灵的惩罚。洪水泛滥，他们认为是河神发怒了；火山喷发，他们认为是山神的惩罚。人们被自然的力量所震慑，其中一些智慧超群的人善于观察和利用自然的力量，得到人们的信赖。巫师和占星者们实际上是最早学会观察自然、利用自然的人。他们观测天气，用巫术呼唤神灵和上天，使人们相信雨神高兴了就会来场及时雨，利用时气指导人们耕种以得到好收成，他们尝试以种种方法影响周围的世界，也让人们在无形中对鬼神笃信不已。

那么真正的科学是怎么产生的呢？

这要感谢古希腊的泰勒斯——这位“科学之祖”，泰勒斯被称为世界历史上第一位科学家。这并不是因为他创造出了什么伟大发明，而是因为他经过大量的观察、实践和思考引导人们学会理性思维，学会了解这个世界，他提出万物源于水，认为地球是漂浮在水上的一个圆盘。当然，现在看来，这个理论是不恰当的，但是他的思想给了人类思考和观察的启迪。自从泰勒斯为人类开启了一扇神奇的科学之门后，人类初尝科学的神奇。充满好奇心的人类很想知道周围的世界是怎么回事，它是由什么组成的，其间又有什么奥秘。当然，人类面临生存的压力，除了想要知道周围的世界是如何形成的，还想了解人类与自然的相互联系，竭力寻求利用自然力来为人类服务，以致减少伤害、改变生活、治疗疾病。所以，最初的科学就诞生于农业和天文之中。在实践中，人类学会利用工具改造自然界，使用动物来耕地。科学家根据农业生产的需要了解和记录自然的规律，观测天象，编写日历，建立数学，以便更好地指导人们及时播种、测量田地。

随着社会不断发展，人们对世界的探索也在不断扩大，科学也逐渐壮大并有了分支，最后演化成许多科目，成为一项神奇和具有创造性的专门学科。地理学让我们更加了解热爱我们居住着的地球；生物学让人类不再盲目信奉神灵，而是更相信自己是逐步进化来的高级生物；物理学和化学则通过直观的实验告诉了人类一切物质的本质；信息科学使得偌大的地球竟如小小的村居……可以说，科技无时无刻不在改变着人类对世界的认知，以它神奇的魅力逐渐战胜了神灵对人类的影响。它给我们带来了一个时时变化的世界，它使我们的生活日渐丰裕和精彩万分。

在人类科学文明发展的漫长过程中，诞生了数不清的科学巨匠，也出现了无数让人们叹为观止的科学发明：亚里士多德带着哲学家的悲悯带领人类登上数个世纪以来智慧的顶峰；哥白尼创立的日心说颠覆了至高无上的统治整个中世纪的神权；爱因斯坦创立的狭义相对论开辟了原子弹之路……放眼望去，科学的天空星光熠熠，异彩纷呈。从耕种广袤的原野到探索神秘的星空，从阿基米德的投石机到第一颗原子弹爆炸，从远古时代的钻木取火到如今的电气时代，人类不仅经历了视野和思维方式的一次次挑战，面对世界也亲手进行了一个个改天换地、推动人类历史的变革。这些科学之子正是世界的探索者和解密者，他们以卓越的智慧、顽强的毅力和无私的精神为科学的发展和世界的进步作出了巨大贡献。可以说，是科学家的智慧和汗水加速了文明的进程，是科学家的创造力推动了时代的发展，是科学家无畏的追求真理的精神改写了历史的轨迹。

可能有一些小朋友想当然地以为科学是高不可攀的，会觉得卓越的科学成就只能是从一些天才的头脑里产生的。其实恰恰相反，科学永远属于善于观察和有恒心的人，可能未来的科学巨匠就产生于我们这些普通人当中哦！不信你看，儒略历就是恺撒大帝为了统一管理罗马而命人创造出来的；闻名世界的四大发明就是古代中国的工匠们为解决生活中的困难而动脑创造的……

你知道吗？发明家爱迪生小时候曾被学校退学，但是他不气馁，坚持自学，认真探究生活中的各种现象，一生有2000多种发明，最终成为世界最有名的大发明家；伟大的牛顿小时候也曾因口吃被认为是笨蛋，受尽歧视，但是他从不放弃对科学的追求，即使对大家司空见惯的苹果成熟落地的普遍现象也毫不忽视，而是追根究底，才有了万有引力的问世；古希腊科学家阿基米德日夜琢磨，细心研究，看到浴缸里的水被排出，灵机一动发现了浮力，从而巧破王冠奇案；法拉第小学都没有读完却发现了电磁感应定律，成为世界著名的科学家；还有望远镜的诞生、蒸汽机的应用……种种伟大的科学成就无一不是凝结着科学家们的血汗、灵感和热爱科学的精神，无数例子向我们说明科学家不都是天生的，科学更需要有敏锐观察力和探索精神的有心人！其实，科学家的每一项发明都不是从天上凭空而降的，他们的每一个科学理论的演变都像是我们小朋友做拼图游戏一样，先是在无知中摸索，继而完整的图形渐渐地浮现出来，最后成为一个光彩夺目的作品。科学家们之所以有那么光彩熠熠的发现和创造，就是因为他们比普通人多读了一些书，多思考了一分钟，多做了一次实验，甚至可能是比别人多了那么一分好奇心。他们的勤奋和好奇创造了一个个奇迹，他们每一项了不起的发明创造都给人类留下了宝贵的财富，他们的探索和奉献精神将永远成为人类历史上熠熠闪光的标杆！

罗马作家西塞罗曾说过："一个人不了解他出生之前的事情，那他始终只是一个孩子。"是的，我们作为终将长大的孩子要很好地了解人类的科学史，我们要知道我们今天之所以生活得如此舒适，完全是在享受那些科学家们的成果，我们要记住那些在人类科学发展史上写下光彩篇章的科学家们，因为他们不仅研究有益人类的自然知识，也传承人类独立思考、追求自由的科学精神，并积极传播在人类生活中相当宝贵的协作、友爱、同情和宽容精神，他们的名字将不朽于人世！

亲爱的孩子们，这本《写给孩子的人类科学史》不仅把人类科学发展最重要阶段的科学家们的重大贡献呈现在你面前，还把科学家们一些不为人知的有趣故事讲给你听，让你知道科学其实与人类其他文化，比如哲学、宗教、政治、文学等的关系密切，是人类文化重要的一个组成部分。本书语言诙谐，趣味横生，总之，值得一读。

孩子，但愿你读了这本书后能了解并记住人类那段光华四溢的科学发展历史，并从此爱上科学，高举前辈们追求真理的旗帜，创造新世界科学史上的另一段辉煌！

张颖异

目录

引子

科学既是人类智慧的最高成果，又是最有希望的物质福利的源泉。

——英国科学家　贝尔纳

“科技改变生活，知识改变命运”，这已经成为21世纪每一个渴望成功的人们的座右铭。为了人类的生存和实现漫天的遐想，古往今来的科学家们攻坚克难，让科学技术艰难却又日新月异地进步着，如今，各种神奇的科技成果越来越迅速地应用于社会生活中，给人类带来越来越舒适的生活方式，也为人类提供越来越新的认识外部世界和自身的途径。换句话说，人类正在用不可思议的速度迎接新的飞跃。

科技的力量究竟有多大呢？简单说，它让我们的生活更方便，视野更广阔。它让我们打破地域的隔膜，身处巨大的地球却犹如置身在小小的村子里一样能方便快

捷地沟通，让我们这颗宇宙中小小的星球有了冲出太空、移民宇宙的可能。对于我们普通人来说，火车、轮船、飞机、电脑、网络、手机的出现已经使人们的生活发生了翻天覆地的变化。

告别了蒸汽喷涌、炉火熊熊的蒸汽机车，铁轨上即将开启时速达到 1223 千米的磁悬浮列车时代，这是什么速度呢？换句话说，就是从北京到上海只需要一个小时，这真可以用风驰电掣形容这个速度了。

看看一千多年前，唐朝玄奘大师西去印度取经，经历了整整 17 年；一百多年前，清朝进京赶考的举子们要从四面八方赶来需要几个月的时间。而现在，哪怕你是从地球的最西面过来，坐飞机也只要几天的时间。从地面到天空，人类好似插上了飞翔的双翅，从火箭时代、卫星时代、空间探测时代迅速进入了载人航天时代。

至于激光技术、互联网的发展、转基因技术、杂交技术、克隆技术等早已经成为现实生活中人们常用的词汇。

谈到互联网技术，它带给人类的好处可谓数不胜数。你知道什么是文盲吗？古代的文盲是指那些目不识丁的人，网络出现后，现代意义上的文盲不再是指那些不识字的人，而是指不懂电脑脱离信息时代的人。为什么这样说呢？那是因为网络已经成为现代社会进步的必经之路，成为现代科技发展的标志。无论是信息交流、网络购物、医疗还是旅游、交友，网络都充分发挥着它方便快捷的优势，它早已像血液一般深入我们的生活之中。通过上网，我们可以足不出户或远在千万里之外甚至将来可以和远在外太空的亲朋好友聊天，享受彼此的信息沟通；我们可以在最短的时间内了解国内外最新鲜热辣的新闻和资讯；我们不出家门也可以饱览天下名山大川、江海湖泊、名胜古迹；我们可以在关键时刻，得到来自世界各地人们的帮助与支持……

你瞧，这些有趣又有用的事物都来源于科学，来源于科学家们孜孜不倦地求索和创造。不过，你可别把科学想得过于高深莫测，它其实经常起源于人类对自己生活的一点奇思妙想。

举个例子吧。古时人们下雨的时候只能顶着一片大树叶或者衣服遮挡雨水的侵袭，但是作用不大，很多时候都会淋得像只落汤鸡。公元前 1000 年，中国出了一

个能工巧匠叫鲁班，他经常在乡间为百姓做活。他的妻子云氏每天给他送饭，路途中都是荒野。古代又没有天气预报，遇上下雨，云氏常常挨淋。鲁班心疼妻子，便在沿途设计建造了一些小亭子，以便妻子途中避雨使用。可是毕竟是荒野中，几个亭子对付不了阴晴不定的天气，要是碰上雷阵雨还是会被淋得狼狈不堪。一天，云氏看鲁班造亭子时忽发奇想："要是这个亭子能随身携带多好呀！"鲁班想了想，果然造出一架能够移动的超小型"亭子"。只见这"亭子"是由几条木制活动骨架组成，上尖顶，下散开，上面装了布面，能遮住身体，装上一条把儿，如同一个移动的小亭子，但比亭子轻巧精致多了，一个女人也能轻松拿住。于是，伞就被发明出来了！当然，后世人们又发挥聪明智慧，把伞的作用扩大到装饰、遮阳等方面，伞的材料和样子也有了很大改变，总之越来越适应人们的生活需求了。但无论它怎么变，都来源于最初那个遮雨的移动"小亭子"！

雨衣的发明更是偶然。麦金杜斯是英国苏格兰一家橡胶工厂里的工人，因生活穷困，没钱买雨具，每逢雨天，只能冒雨上下班。1823 年的一天，他在工作时不小心将橡胶桶打翻了，黑黑的橡胶汁沾满衣裤，一会儿就凝结了。麦金杜斯只有这一套工作衣裤，他懊恼极了，但是橡胶很黏，怎么也擦不掉。到了下班时间，麦金杜斯只好穿着这身脏衣服走回家。当时，天下着大雨，麦金杜斯一路生气地回到家，但在换衣服时却有惊喜的发现。原来，麦金杜斯在雨地里穿行很久才到家，穿在里面的衣服却一点都没有湿。这是怎么回事呢？他脱下污染的衣裤仔细观察，发现这套衣服上沾染了橡胶的地方很多，都变得又厚又硬，水根本渗不进去。咦！他灵机一动，第二天索性淘气地将整件衣服都涂上橡胶，结果这就成了他的独门胶布雨衣，也成了世界上第一件胶布雨衣。不过这件偶然产生的雨衣在大家看来又脏又重还有味道，除了麦金杜斯，没有人愿意穿。麦金杜斯的这件衣服成了厂里的一个趣谈，这件事传到英国冶金学家帕克斯的耳中，他以科学家敏锐的视角捕捉到这朵小火花，1884 年，帕克斯终于发明出用二硫化碳做溶剂溶解橡胶，制造防水用品的技术，申请了专利权。但帕克斯没太重视这个发明，而是把专利卖给了一个叫查尔斯的人，查尔斯看重这个商机，并马上开始大批量地生产。因为它又轻便又实用，人们争相使用，"查尔斯雨衣公司"的商号也很快风靡全球，查尔斯也因此很快发了财。但人们并没有忘记最初那个可爱的麦金杜斯的功劳，大家都把雨衣称作"麦金杜斯"，直到现在，"雨衣"这个词在英语里仍叫作"麦金杜斯"。

瞧，科学就是这样有趣又有用，同时它也深富魅力。用美国著名的物理学家、诺贝尔奖得主——费曼先生的话说就是：“我讲授的主要目的，不是帮你们应付考试，也不是帮你们为工业和国防服务。我最希望做到的是，让你们欣赏这奇妙的世界。”是的，科学是一个美妙无比、引人入胜的神奇世界，如果爱上它，你会领略到它无穷的乐趣。

第一章
充满好奇心的人类

好奇心造就科学家和诗人。

——法国作家　法朗士

法国作家法朗士曾说过：“好奇心造就科学家和诗人。”的确，好奇心是人类进步的动力源泉。

不管是在哪个时代，如果人类没有了好奇心，就不会去探索那些未知的事物，而是仅仅局限于世界的一小部分，也就不会有我们喜爱的平板电脑，不会有学习点读机，也不会有手表电话，更不会有我们现在充满神奇科技的舒适生活。你看，好奇心对我们人类的科学进步有多么大的影响啊！

你知道好奇心的力量有多大吗？

先让我们看看那些具有强烈好奇心的人都创造出了什么奇迹吧！

大发明家爱迪生的名字我们应该是耳熟能详了，他用聪明的头脑和灵巧的双手为人类创造了无数有用的物品：电灯、电话、留声机、电影摄影机……他是怎样作出这样了不起的贡献的呢？要知道，他可不像阿基米德或者亚里士多德那样有家族的培养，有名师指导，他甚至连小学都没有读完就开始赚钱养家了。其实，原因很简单，爱迪生从小就对世界充满强烈的好奇心，小到邻居家里的母鸡孵蛋，大到自然界的风雨雷电，都能引起他强烈的好奇心。听母亲讲了伽利略的“比萨斜塔实

破例邀请拉曼担任物理学教授。接到这个消息，拉曼很高兴，因为从此他能专心致力于自己喜爱的科学研究了。在加尔各答大学任教的16年间，拉曼毫无保留，循循善诱，因此不断有学生、教师和访问学者来到这里向他学习、与他合作，拉曼受到学生和来这里学习的学者们的敬仰和爱戴，他也理所当然地成为这个学术团体的核心人物。更令人高兴的是，他们的成果得到了国际的认可，1921年，由拉曼代表加尔各答大学去英国讲学。

这是一个快乐的夏天，拉曼的心情无比愉快，他乘坐的是客轮“纳昆达”号（S.S.Narkunda），船很快来到地中海上，极目远眺，海天一色，碧蓝如玉。拉曼不想待在闷气的舱房里，他经常在甲板上漫步，欣赏那一望无际的海面。他趴在船舷上向下面看，只见一簇簇洁白的浪花快速绽放又倏然消失，映衬得海水更是深邃无比。这海水为什么会是蓝色的呢？拉曼的脑海里不由得又想起这个他已存疑多年的问题。事实上，这个问题他早在16岁（1904年）时就已听人解释过，依据的是著名物理学家瑞利发现的瑞利定律。瑞利说：“深海的蓝色并不是海水的颜色，只不过是天空蓝色被海水反射所致。”大家都觉得瑞利的解释很自然、很正确，但是拉曼却在脑子里留下了一个问号，他总觉得可能还有更深的原因，可是多年以来并没有更好的解释。这次在海上旅行的时间很长，他决心利用这个机会进行实地考察，他拿出携带的简便的光学仪器俯身对海面进行观测。他出行前特意准备了一套实验装置：几个尼科尔棱镜、小望远镜、狭缝，甚至还有一片光栅。拉曼在望远镜两头装上尼科尔棱镜当起偏器和检偏器，现在他随时都可以进行实验。他站稳脚跟，俯下身子，尽最大可能用尼科尔棱镜观察沿布儒斯特角从海面反射的光线，结果，他看到的是比天空还要深的蓝色！这个惊人的发现鼓舞了拉曼，他一鼓作气，继续观察实验，这回他用光栅分析海水的颜色，结果发现海水光谱的最大值比天空光谱的最大值更偏蓝，这说明什么？这说明海水的颜色并非由天空颜色引起的，而是海水本身的一种性质。拉曼非常兴奋，一路上反复实验论证自己的发现，结果确凿，拉曼最后认为这一定是起因于水分子对光的散射，于是他立马执笔把自己的惊人发现写了两篇论文，最后这两篇论文发表在伦敦的两家杂志上，推翻了瑞利定律，一时震惊科学界。后来，拉曼返回印度后，立即在科学教育协会开展一系列的实验和理论研究，探索各种透明媒质中光散射的规律，并在1922年写了一本小册子总结了这项研究，题名《光的分子衍射》。后来拉曼又采用单色光做光源，做了一个非常

漂亮的有判决意义的实验。人们开始把这一种新发现的现象称为拉曼效应，在世界科学界引起了强烈反响，人们对他的发现给予很高的评价，拉曼也因此获得了1930年的诺贝尔奖，成为印度人民的骄傲，也为第三世界的科学家做出了榜样。

人类对于自然和世界的好奇心，还有许多数不胜数的例子。天文学家哥白尼在中学时代出于好奇心，利用自己制作的日晷，研究太阳和地球的运动规律，长大后，提出了著名的“日心说”。莱特兄弟出于对飞行的好奇发明了世界上第一架飞机；比尔·盖茨出于对电脑的强烈好奇心，在13岁时就写出了第一个软件程序，最终为首部商用微型电脑ALtait编出了Basic语言软件；伟大的化学家罗蒙诺索夫从小对大海发生的所有自然现象都感兴趣，他总是要问父亲许多问题：“为什么夏季傍晚海面会出现光亮的水纹？”“为什么冬季夜空会出现绚丽的北极光？”几乎每一个科学家的传说都可以告诉我们，他们的一生充满了对大自然奥秘的好奇心，正是这种好奇心引导他们一步步攀登科学的高峰，才有了他们对人类的贡献，使这个世界更加美好！他们验证了一个真理：好奇心是他们开启成功的一把金钥匙，好奇心更是这个世界前进的不竭动力！

让充满好奇心的人类插上科学的翅膀飞翔吧！

第二章
打开科学之门的
第一人

孩子，你知道什么是科学吗？简单地说，科学是关于探索自然规律的学问，是人类探索研究感悟宇宙万物变化规律的知识体系的总称。这门学科给人类了解世界、改造世界带来了无限希望与帮助，那么最初推开科学之门的先哲是谁呢？

最初世界上并没有科学这门学问，人类虽然已经开始观察自己生存的环境，探索可利用的资源，已经掌握了很多方法，知道如何进行生产和建设，但人类重视的只是如何生存的问题。那时的人类经常被风、雨、雷、电等神奇的自然现象震慑，对神秘的天象自然而然地产生膜拜之心，但并不知晓如何思考自然的奥秘和如何改造自然，他们没有去想到寻求关于这个神秘世界的答案，只会匍匐在地，祈求神灵保佑，整个人类都在混沌愚昧中摸索前行。这时候，第一个在人类历史上打开科学之门的先贤应运而生，他就是被称为人类“科学和哲学之祖”，又被称为古希腊及西方第一个自然科学家和哲学家的泰勒斯。

泰勒斯（约公元前624年—公元前546年）是古希腊最早的哲学学派——米利都学派（也称爱奥尼亚学派）的创始人，也是希腊七贤之首，最终以深邃的思想成为西方思想史上第一个有记载、有名字留下来的思想家。有人说，泰勒斯不能算作古代的科学家，因为他更多的是留下了思想的火花，而不是系统科学的研究。但是你知道吗？泰勒斯一生云游天下，洞察世间，仰望星空，留下的宝贵遗产又岂止清新脱俗的思想呢？

从四足行走的古猿人到直立行走的社会人，期间人类经历了无数的严酷考验，谁也不知道自己从哪里来，这个世界究竟是怎样的。人类看到无数神秘的自然现象，加上无穷想象力，以为冥冥之中有一股力量在操控，是这股力量造就了大地万物和自己，于是虔诚地信奉神灵，把改变的希望都寄托在意念中缥缈而神秘的仙人身上。而从泰勒斯开始改变了这种现象，他以明澈的目光、超脱的思想和实践力探索着世界的本源，并有所发现。说他是思想家也没错，在那个尚属愚昧的时代，是他第一个提出“世界的本原是什么”的问题，像一道闪电撕裂了神话的天空，并开启了哲学史的“本体论转向”。他像一位勇士，为早期的自然哲学家们打开了一扇闪光的哲学之门，带领人们逐渐摆脱了神创世界的传统观念，教会他们在自然中寻求答案，学会用自然本身来解释自然。泰勒斯的功劳还在于他不只是普通的思考，而是试图以理性的方式从千变万化的自然中找到它们的本原和原因。换句话说，他教给人们怎样观察和思考。

因为年代久远，虽然泰勒斯用智慧带领人类推开了科学的大门，但除了一些人们口口相传的故事外没有留下他自己编著的著作，不得不说这是人类科学史上的一个巨大损失。如果泰勒斯的著作能流传下来，也许人类历史的进程又提高了一截。

我们知道的是泰勒斯出生在米利都，这是一个繁荣的城市，因为地处地中海东岸小亚细亚地区的希腊城邦，又是当时希腊手工业、航海业和文化的中心，所以经济发展很快，经商的人很多，当时那里还没有形成宗教系统，民风淳朴而自由，商人的社会地位也很高。泰勒斯的家庭属于奴隶主贵族阶级，家境富裕，泰勒斯从小就受到了良好的教育。他很聪明，学习知识非常擅长举一反三，写和算能力都很强。他还经常观察身边的事物，不明白的就去请教老师，要是连老师也不知道，他就把这些记下来，留待以后有机会了再思考研究，因此，泰勒斯的勤奋好学得到了父母和身边人的赞扬。可泰勒斯不满足于此，他经常去和那些外地来的行商们谈天，丝毫没有贵族的架子。他很羡慕那些商人，但绝不是因为他们有钱，而是因为他们可以到各地去，不但头脑灵活还见多识广。

父母去世后，泰勒斯继承了一笔丰厚的家产，原本可以衣食无忧地过一生，但他喜好四处游学和研究新事物，又生性豪放，经常结交朋友，接济穷人，很快就把家产挥霍个精光。泰勒斯也不着急，索性就做起了商人。不过，他的目的并不只是为了赚钱，而是为了有钱去搞自己感兴趣的学习和研究。只要赚到了够用的钱，他就马上去进行自己喜爱的研究工作了，因此，了解他的人都嘲笑他是一个不合格的商人。可泰勒斯毫不在意，他坦然地说："别人为食而生存，我为生存而食。"

泰勒斯早年借经商之便到过不少东方国家，他曾经去过美索不达米亚和埃及，在那里学习了数学和天文学知识，并在这几个领域建树奇高。在天文学方面，泰勒斯向古巴比伦人学习观测日食、月食的方法，并举一反三，做了很多研究，他用自己独创的方法对太阳的直径进行了测量和计算，结果他宣布太阳的直径约为日道的七百二十分之一，令人称奇的是，这个数字与当今所测得的太阳直径相差很小。当时指南针还没有传入欧洲，人们航海靠的是看星象，基本上都认为大熊星座的北斗七星是指北方，但泰勒斯研究计算后发现按照小熊星座的北极星航行更准确，看起来也更方便，于是他把这一发现告诉了那些航海的人，为航海人做了一件好事。

泰勒斯还很善于研究天象的周期。他仰望星空观察着那一颗颗闪亮的星星，通过对日月星辰的观察和研究，他发现日月运行是有规律的，这种规律呈周期性出现。当时迦勒底人已经发现了沙罗周期，泰勒斯经过反复的观察研究，最后根据这个规律确定 365 天为一年。如果在科学设备齐全先进的今天，这个发现不算什

么，可是在当时没有任何天文观察设备的情况下，他的观测却很准确，这也是一个奇迹。

泰勒斯观察太阳，还掌握了日食的规律，并利用这种奇异的天象成功阻止了一场战争。公元前 585 年，莉迪亚人和波斯人为了领地问题发动了持续近 30 年的战争，生灵涂炭，血流成河，民不聊生。善良的泰勒斯为了阻止这场惨烈的悲剧，他大胆预言战斗中将发生日食，这是神灵对他们的警告，继续战争人类会遭受神灵的报复，因为日食在当时人看来是不祥之兆，日食也的确如期发生，战争最终由此而止。泰勒斯的精准预言一时轰动全国，人们都用景仰的目光看待泰勒斯。

泰勒斯游历四方，看到了许多无法用原来的神演论解释的现象，对这个有趣的世界的好奇心也越来越强，于是他开始去思考万物究竟源于什么的问题。泰勒斯来到埃及，他在民间向有经验的人学习，他发现尼罗河每年都要涨水，淹没房屋，但是两岸依旧有很多人留在这里不走。他很奇怪，于是仔细查找尼罗河每年涨退的记录，亲自观察洪水，查看水退后的现象。结果他发现洪水带来的可能不只是灾害，它还给两岸的人民带来一定的好处，比如每次洪水退后，不但留下肥沃的淤泥，还在淤泥里留下无数微小的胚芽和幼虫，在适宜的温度下就长出了各种繁茂的植物，还有许多小动物，给两岸人民带来丰富的生活资源。这种现象引起了他的强烈兴趣，他觉得自己观察到的事实明显告诉人们：万物是由水生成的。对泰勒斯来说，他更相信自己的眼睛看到的，他坚信水应该是世界初始的基本元素，整个地球就漂在水上。于是，他大胆提出了万物源于水的观点，为当时的蒙昧中的人们打破了固有的神造万物的思维模式，开启了一扇崭新的科学大门，从此，一棵稚嫩而富有生机的科学种子萌芽了。

泰勒斯在数学领域建树也很高。他从小就喜欢数学，在数学上，他发现了泰勒斯定理，这个定理就是以他的名字命名，欧几里得《几何原本》第三卷中提到并证明了这一点。那么什么是泰勒斯定理呢？在几何学里，泰勒斯定理说明若 A、B、C 是圆形上的三点，且 AC 是直径，∠ ABC 必然为直角。泰勒斯定理的逆定理也同样成立，即：直角三角形中，直角的顶点在以斜边为直径的圆上。这种命题证明的思想在数学史上是一次不寻常的飞跃。此外，他还发现了不少平面几何学的定理，如：直径平分圆周；三角形两等边对等角；两条直线相交，对顶角相等；三角形两角及其夹边已知，此三角形完全确定；半圆所对的圆周角是直角；在圆的直径上的内接三角形一定是直角三角形。这些定理虽然简单，但是，泰勒斯却系统地把它们整理成一般性的命题，在数学中引入逻辑证明，论证了它们的严格性，保证了命题的正确性，同时揭示了各定理之间的内在联系，使数学构成一个严密的体系，并在实践中广泛应用，为后世数学体系的形成打下了良好的基础，这是泰勒斯的功劳。

泰勒斯对数学的研究也有许多趣闻轶事。据说，有一年春天，泰勒斯游历来到埃及，他在埃及学到了许多知识，比如天文观测和几何测量等。埃及人是最早发现“影长等于身长”的测量长度方法的，但只是掌握了这种方法，却不懂得它的原理，也不会变通运用。泰勒斯不同，他看到了现象，还要苦苦思索其中的原理，并利用其中的原理帮助人们解决了许多难题，一时传为美谈。埃及人最早懂得在阳光下利用人的影子测量出人的身高，泰勒斯学会了，并且研究出来可以利用的规律，反过来还要教埃及人。埃及人不服气，想试探一下他的能力，就给他出难题。当时埃及法老已经开始修建金字塔陵墓，金字塔由巨大的石块砌成，高大雄伟，传说有诅咒在金字塔中，谁敢走进金字塔或者对其不敬将会受到法老神灵的诅咒。于是没有人敢随意碰触它们。埃及人问泰勒斯：该如何测量金字塔的高度？泰勒斯很有把握地说可以测量出来，而且不用触怒金字塔里的亡灵，但有一个条件——法老必须在场。第二天早晨，法老如约而至，观看泰勒斯的测量方法，做个见证。金字塔周围也聚集了不少围观的老百姓。泰勒斯来到金字塔前，阳光把他的影子投在地面上，他不停地让别人测量他影子的长度，当影子的长度与他的身高完全相等时，他立刻将大金字塔在地面的投影处做好记号，然后马上丈量金字塔底到投影尖顶的距离，这样，他就报出了金字塔准确的高度。法老和观看的群众还有些迷惑，于是他向大家揭示了这其中的原理。原来，"影长等于身长"和"影长等于塔高"是一个原理。围观的人这才恍然大悟，原来泰勒斯的确善于思考和总结，虽然这个道理还是泰勒斯从埃及学到的，但是如此巧妙地活学活用、善于总结也是开门第一人了！其实泰勒斯运用的投影方法也就是今天所说的相似三角形定理。泰勒斯特别擅长思考和总结，据说，泰勒斯去古巴比伦游历后连海上船只的距离都能测量出来。你看，泰勒斯是多么聪明的人啊！他的厉害之处其实不只是测量出来金字塔的高度，更重要的是他教会了那个时代的人如何用科学的思想去思考和总结经验，发现规律，解决问题，而这才是科学家的本质。在他的启发下，人们才开始理性地思考世间万物的规律，同时活学活用，改变世界。

泰勒斯还是最早利用科学知识创造财富的人。生活中泰勒斯是个痴迷于科学研究的人，他经常一边走路一边观察天象，以至于闹出一些笑话来。比如有一次，他一边走路一边观察天象，想看看明天的天气怎么样，看看适合种什么庄稼。没想到有坏心的村民要弄他，在路上挖了一个大坑，他一跤跌进去，旁边的人看见笑坏了，觉得他傻。泰勒斯起来后很生气，但什么也没说，只是在第二天就去租下了全村所有的榨橄榄油的机器。因为现在还不到榨橄榄油的时候，租来只是赔钱，村里人不理解，于是乘机抬高价钱，狠狠敲了泰勒斯一笔钱。泰勒斯默默接受了，村里人都觉得泰勒斯傻。谁想那一年橄榄大丰收，不好储存，大家都急着找榨油机器榨橄榄油，泰勒斯垄断了价格，狠赚了一大笔钱。这下子村里人都明白泰勒斯之前为什么肯默默地吃亏了，纷纷后悔不已。原来，泰勒斯凭借自己掌握的天文和气象知识预料到那一年气候适合橄榄生长，由此断定橄榄一定会大丰收。他本想告诉村民，没想到却被他们嘲笑，一怒之下反而赚了一大笔钱。从那以后，再没人敢轻视泰勒斯了。

泰勒斯有时也很诙谐幽默。长年的商旅生活使他了解到各地的人情风俗，开阔了眼界，也给他一些淘气的机会。泰勒斯的时代还没有车船供人们出行，为了经商，他买了一头聪明的骡子，一次骡子驮着沉重的盐袋过小溪，溪中鹅卵石圆润打滑，驴子不小心滑倒在溪中。虽然泰勒斯及时把骡子拉起来，但骡子背上的盐被溪水溶解掉了很多，骡子顿感身上的负担减轻了不少，于是长了记性，从此以后，这头骡子每次过溪水就故意倒下打一个滚，以使背上的盐减少。一次，两次……泰勒斯终于发现了这头骡子的恶作剧，但无论怎么鞭打呵斥都没有用，于是他不动声色地带走了骡子。第二天，泰勒斯继续带着这头骡子驮送货物，骡子走到小溪处，再次故技重施，想偷懒。但是这次骡子驮的是海绵，吸水之后，海绵重量倍增，骡子累得快倒下了。泰勒斯在旁边笑得肚子疼，骡子再也不敢偷懒了。

泰勒斯的名言流传下来的不多，有一句给人们留下了深刻印象："绝不做我们谴责他人做的事情。"怎么样？是不是和我们中国古代的大教育家、思想家孔子说的"己所不欲，勿施于人"有异曲同工之妙呢？

也有人曾问泰勒斯："什么是最令人愉快之事？"泰勒斯回答："成功。"无可置疑，泰勒斯的一生是成功的。作为被誉为"科学和哲学之祖"的泰勒斯，在天文学、数学、哲学等方面都有着巨大的建树，他是第一位推开科学大门的人，他建立了希腊最早的哲学学派——米利都学派，他引领人们把实践向理论发展，他所提出的理论、定理一直沿用至今，为后世的科学发展奠定了基础，人类应当永远记住他。

第三章
博学多才的大师

我爱我的老师，我更爱真理。

——古希腊哲学家、科学家　亚里士多德

说起老师，我们大概要想起我国古代的大教育家孔子了。孔子(公元前551年—公元前479年）生于春秋时期鲁国陬邑（今山东省曲阜市)，我国著名的思想家、教育家、政治家，是当时社会上最博学的人，也是世界上第一所私塾的创办者，相传他有弟子三千，其中有贤人七十二，个个都是博学多才、至纯至孝的能人。孔子倡导“仁爱”的理念，这也是他创立儒家思想的精华，对中国和世界都有深远的影响，历代皇帝都崇尚以“仁爱”治国。孔子死后被后世尊为孔圣人、至圣、至圣先师、大成至圣文宣王先师、万世师表，甚至被联合国教科文组织评为“世界十大文化名人”之首。

在古代欧洲，也有这样一位可以媲美孔子的教育家，他就是亚里士多德。亚里士多德（公元前384年—公元前322年）出生于古希腊色雷斯的斯塔基拉，是世界古代史上著名的教育家之一，更是一位不可多得的百科全书式的哲学家和科学家，堪称希腊哲学的集大成者。他还有两个光彩熠熠的头衔，那就是大哲学家柏拉图的学生，亚历山大大帝的老师。亚里士多德童年时家境富裕，他的父亲是马其顿国王腓力二世的宫廷御医。亚里士多德从小好学好问，父亲给他请来名师教授学习，使他受到了良好的教育。亚里士多德也不负父愿，显示出聪慧的特质，在学术上喜欢追根究底，养成了直言不讳的性格。亚里士多德太热爱学习了，17 岁时，父亲看儿子很有学习天分，就尽力送亚里士多德到当时著名的柏拉图门下学习，这一去就是 20 年，成就了世界史上的一对师生佳话。

柏拉图是当时希腊著名的哲学家，他是大哲学家苏格拉底的学生，博学而有思想，创造了柏拉图思想、柏拉图主义、柏拉图式爱情等，为当时的人所崇拜。柏拉图很尊敬他的老师苏格拉底，写的主要作品都是关于老师苏格拉底的对话录，著名的有《理想国》等作品。他在作品中表现出苏格拉底派的学习风格，有问有答，注重复习巩固旧知识，并善于提出问题，启发学生思考，通过进行分析、归纳、综合、判断，最后得出结论。他还在老师的教法上创造了理性训练的方法，注重学生自身的成长，以发展学生的思维能力为最终目标。他提出了“反思”（reflection）和“沉思”（contemplation）两词，倡导凭借反思、沉思去真正融会贯通新旧知识，达到举一反三的目的。奇妙的是，柏拉图的思想与孔子提出的“学而不思则罔，思而不学则殆”的教育思想居然有异曲同工之妙。孔子擅长“因人施教”，他在教学中倡导启发式教学，他说：“不愤不启，不悱不发。”就是说教师应该在学生认真

思考，并在达到一定程度时恰到好处地进行启发和开导，这种方法至今仍是我国教育的主流思想。看来无论古往今来，也无论地处东方还是西方，即使远隔千万里，所教授的对象也截然不同，但是教育家们的思想却是相通的，这是不是人们所说的“教育家有国界，而教育思想无国界呢”？

柏拉图在教育史上的贡献还在于，他是西方第一个提出完整的学前教育思想并建立了完整的教育体系的人，也就是说，他是学校系统教育的创始人和施行者。他认为3岁到6岁的儿童都要受到保姆的监护，在这个阶段的孩子都要及时进行游戏、听故事和童话的训练，以提高思维训练；大于7岁的儿童要同时进行各种体能和生活技能训练；20岁以后的青年要学习算术、几何、天文学与和声学等学科，在抽象思维方面继续深造，学习一些辩证法。这样像金字塔一样层层递进的教育课程体系既全面又丰富，最终会达到循序渐进、扎实有效的教育成果，如果放到今天来说，也就是提倡教育终身化。柏拉图还身体力行，在雅典创办了著名的柏拉图学园，在学园中设立“四科”教育（算术、几何、天文、音乐），每科都有专门的老师教授学生学习，注重科学教育，尊重独立的思想，整个学园呈现出自由而浓厚的学术氛围。在柏拉图学园读书的学生都循序渐进地按柏拉图的教育体系接受教育，这样完整的教育体系很快就展现出良好的结果，培养出许多优秀的人才，以至于人人崇拜柏拉图，上流社会的贵族们争相以送孩子到柏拉图学园学习为幸事。就这样，柏拉图学园给国家培养和输出大量的各方面的高级人才，后来这种教育形式成了古希腊课程体系的主干和导源，影响并支撑了欧洲的中等与高等教育达1500年之久，这也是欧洲科学界人才辈出的一个主要原因。

亚里士多德从18岁开始跟柏拉图学习哲学，整整20年的学习和生活对他的一生产生了决定性的影响。在柏拉图学园中，亚里士多德从一开始来到学园就表现得很出色，聪慧、努力，很有自己的思想。柏拉图非常喜欢这个聪慧过人的学生，曾称他是“学园之灵”，对他可以说是赞誉有加。但过了一段时间，柏拉图就改变了自己的看法，他发现亚里士多德并不像其他的学生那样无条件地崇拜自己，而是更相信他自己看到的，亚里士多德不分场合经常提出对老师思想的一些质疑，经常挑战柏拉图的权威。但是柏拉图都容忍了，因为他看到亚里士多德无比勤奋地读书，他把所有的时间都用于学习上，和其他那些只知道恭维自己、唯唯诺诺而毫无自己的主见的人大为不同，这让柏拉图又爱又恨，却拿亚里士多德毫无办法，只能讽刺他是一个书呆子。亚里士多德虽然在思想上跟老师有分歧，甚至有时会发生争吵，但他内心里还是充满对柏拉图的敬意。柏拉图深邃的哲学思想也深深吸引着他在学院里一年一年坚持学下去，甚至在未来的某一天，他也像自己的老师一样建立起一个更加了不起的学园，但他在学习期间从不盲从自己尊敬的导师，他坚信自己研究的方向是对的。当时学园里的其他学生无比崇拜柏拉图，甚至无法想象这个世界离开了柏拉图会怎么样，而亚里士多德却隐喻地和那人说："智慧不会随柏拉图一起死亡。"也许他预见到自己的思想将会有一天更加响亮地传播四方吧。

公元前 347 年，柏拉图去世，这一对纠缠了 20 年的师生终于分散了，亚里士多德也离开了学园，离开雅典。此后，他开始游历各地，历经坎坷，最终在公元前 343 年，又被马其顿的国王腓力二世召回色雷斯，受国王腓力二世的聘请，担任起当时年仅 13 岁的亚历山大王子的老师。亚历山大王子对亚里士多德这位老师很尊敬，虽然后来两人因政治方向不同最终分道扬镳，但在亚里士多德的影响下，后来的亚历山大大帝始终对科学事业非常关心，对知识十分尊重，成为历史上少有的一位注重科学研究、重视人才和教育的统治者。而在几乎同一时代的古代中国，孔子和他的弟子们周游列国，希望向各国的君王们展示自己的治国之能，实现自己的报国愿望，但是多次被昏庸的王侯们耻笑和驱逐。和孔子相比，亚里

士多德是幸运的，因为孔子虽有治国之能，但是却没有遇到亚历山大这样明理的君王。

亚里士多德在教育上的贡献是了不起的。作为国王尊敬的御用老师，亚里士多德很有权势，如果他想就会得到很多好处，这是毋庸置疑的。但是亚里士多德一直保持着自己热爱真理和热爱学习的精神，在权势和知识的天平中他选择回到雅典，建立自己理想中的学园，像自己的老师柏拉图那样教授哲学。幸运的是他的国王学生很支持他，给他修建了一个极大的美丽的学园。在学园里，有当时第一流的图书馆和动植物园等，还有树木繁茂、鲜花盛开的林荫大道，环境优美得简直无与伦比。学园里的氛围也是无比和谐，亚里士多德经常带着学生在花园林荫大道上一边散步一边讨论哲理，在外人看来真是逍遥自在。因此后人也把亚里士多德学派称作“逍遥学派”，学园的哲学被称为“逍遥的哲学”或者是“漫步的哲学”，因为学园建立在神殿附近，学园的名字则叫作吕克昂。由于生活安定、心情舒畅，亚里士多德在这一期间著作有很多，主要是关于自然科学和哲学，他的著作大部分是以他给学生讲课的笔记为基础而编著的，有些甚至是他一些优秀学生的课堂笔记，这是不是很像现在老师的教学用书呢？因此，现在也有人将亚里士多德看作是西方的第一个教科书作者。

亚里士多德还是个大刀阔斧的改革者。他在自己创造的学园里进行了一系列教育改革，首先在老师柏拉图创设的教育体系上加以改进，他提出了对青年学生必须进行“三育”，即“智育、德育、体育”三方面的教育，并且提出了划分年级的学制。他主张，对于 7 岁到 14 岁的儿童，国家应该为他们办小学，让他们学习体操、语文、算术、图画和唱歌。对于 14 岁到 21 岁的青少年，国家应该为他们办中学，教他们历史、数学和哲学。体育是为培养强健的体魄，德育是为了培养自尊心和勇敢的精神。这种阶段教育后来成为后世学校的范本。

因为亚里士多德年幼时特别热爱读书，所以他深知读书在孩子成长过程中的重要作用，这是再优秀的老师也无法完全取代的。因此，他特别重视学园里读书环境的改善，并在学园里建立了欧洲第一个图书馆，里面珍藏了许多自然科学和法律方面的书籍，学生们可以随意到里面阅读各种自己想看的书籍，为知识的传播做出了伟大的创举。亚里士多德的这一创举给后世的学校开了先河，现在的学校，无论是小学、初中还是高中、大学，一座图书馆或图书室已经成为标配。

亚里士多德还很重视自然科学教育，在学校里开展生物学的研究。为了配合老师，亚历山大大帝甚至动用自己的权力通告全国，凡是猎手和渔夫抓到稀奇古怪的动物，都要送到吕克昂学园那里进行研究。于是，学园里经常开展生物学研究实验，学生们也时常有机会跟随亚里士多德解剖各种奇怪的动物，他们知道了鲸鱼是胎生的，小鸡胚胎的发育过程是逐渐变得复杂起来的，生物的发育其实跟神没有什么关系。在他的引领下，吕克昂学园的师生们甚至发现了一条规律：动物进化越是高级，它的生理机构也就越复杂。

实验是最好的老师，亚里士多德先后至少对 50 多种动物进行了解剖研究，他还对 500 多种不同的植物、动物进行了分类，他还发现了比较法的启发意义，他写出了关于生殖生物学和生活史的第一本书，他也是详细叙述很多种动物生活史的第一个人。可以说生物学史的各个方面几乎都从亚里士多德开始，直到达尔文的出现才宣告生物学的研究进入另一个阶段。这给后世的生物学研究打开了一扇大门。

亚里士多德读的书越来越多，丰富的经历也给他带来很多启发，他的学问越来越渊博，简直达到了出口成章、无所不知的地步。于是教课之余，他写了大量的著作：《工具篇》《逻辑学》《物理学》《政治学》《修辞学》《形而上学》《诗学》，等等，涉及哲学、逻辑学、心理学、伦理学、政治学、历史学、生理学、美学、物理学、动物学、植物学、生理学、医学等众多的方面，并且每一本在其相应的领域都有不同凡响的引领作用。

亚里士多德最主要是一位哲学家，他在哲学上最了不起的贡献是创立了形式逻辑这一重要分支学科，他把自己掌握的知识有系统地、分门别类地从基本知识出发加以分析推论或归纳，从而形成一个体系，现在叫逻辑学。逻辑学有什么好处呢？简单说，逻辑学是亚里士多德在众多领域中创立知识体系的支柱，帮他树立了理性思维，而他的理性思维方式帮助他在所有的研究、统计和思考中得到最大的收获，使他很少犯错误，以至于成为人们心目中的一位圣人。他还把科学分类，分为理论的科学（数学、自然科学和后来被称为形而上学的第一哲学）、实践的科学（伦理学、政治学、经济学、战略学和修饰学）和创造的科学，即诗学。他的关于物理学的思想曾深刻地塑造了中世纪的学术思想，其影响力甚至延伸到了文艺复兴时期，但最终被牛顿物理学取代。

人非圣贤，亚里士多德也有他的认识偏颇之处，比如他认为地球是球形的，是宇宙的中心，地球上的物质是由水、气、火、土四种元素组成，天体则由第五种元素“以太”构成。他反对原子论，不承认有真空存在，他还认为物体只有在外力推动下才运动，外力停止，运动也就停止。最让人们熟知的是，他认为做自由落体运动的物体重的比轻的落得快，结果后来直到 16 世纪，被意大利科学家伽利略从比萨塔上掷下两个不同重量圆球的实验推翻（后文中也会有详述。）

总体来说，作为一位百科全书式的科学家，亚里士多德对人类的发展作出了无与伦比的贡献，因此马克思称亚里士多德是古希腊哲学家中最博学的人物，恩格斯称他是“古代的黑格尔”。

第四章
理论与实验的
天才巨匠

“给我一个支点，我就能撬起整个地球。”啊？撬起整个地球？敢说这种大话的人是谁呢？他就是古希腊把杠杆玩得出神入化的阿基米德。你以为他是在吹牛吗？不，完全不是，他之所以敢说出这样的大话，是因为他在力学领域有着自己独特的创造力。

话说从远古时代起，人类改造自然的能力就是在与自然的博弈中产生的。聪明的人类由于生产和生活的需要，创造了杠杆并能巧妙地使用杠杆的“乾坤大挪移”作用，比如，人们起初挖井从地下汲取井水用绳子很不方便，就动脑筋在井上架设汲水井架，利用吊杆这种简易的杠杆汲水就非常省力。再比如，海边的渔民发现船上升起船帆会增加船速，用什么固定船帆呢？聪明的造船工人用杠杆在船上架设桅杆，这样升降船帆就非常方便了。又比如，古埃及人造金字塔的时候，巨大的石块沉重无比，只靠人肩扛无法把石块送到越来越高大的建筑物上，奴隶们只好想方设法利用杠杆把沉重的石块往上撬，最终达到了目的。但是，杠杆为什么能做到这一点呢？在阿基米德发现杠杆定律之前，却没有人能够解释，这就是阿基米德的伟大之处。那么阿基米德究竟是怎样发现杠杆定律的呢？这还要从阿基米德出生的时候说起了。

公元前 287 年，阿基米德诞生于古希腊西西里岛叙拉古附近的一个小村庄，他出身于贵族，家境富裕，父亲是当时有名的天文学家兼数学家。儿时的阿基米德聪慧好学，父亲很器重他，也很注意培养他的思考能力。阿基米德受父亲的影响，从小就对数学、天文学产生了浓厚的兴趣，显示出不凡的智慧。阿基米德的父亲很欣慰，总想给儿子更好的学习条件。当时罗马帝国逐渐兴起，埃及的亚历山大城又位于尼罗河口，交通便利，已经成为欧洲经济、文化以及贸易的中心，此处人才济济，学者云集，文学、数学、天文学、医学的研究都很发达，因此被称为“智慧之都”。于是公元前 267 年，也就是阿基米德 11 岁时，为了给阿基米德更好的教育，阿基米德的父亲把阿基米德送到亚历山大城继续求学。值得一提的是，阿基米德在这里幸运地遇到了名师。他的老师是谁呢？是当时的大数学家欧几里得的学生埃拉托塞和卡农。作为欧几里得学生的学生，阿基米德也是深受欧几里得的影响。那么欧几里得究竟是个怎样的老师呢？

欧几里得（公元前 330 年—公元前 275 年），古希腊人，数学家，被后世人称为“几何之父”。他的著作《几何原本》是欧洲数学的基础，书中提出著名的五大公设，这本书也被广泛认为是历史上最成功的教科书，至今仍有很高的价值。欧几里得在数学方面的成就还在于他研究的一些关于透视、圆锥曲线、球面几何学及数论的作品。可以说欧几里得的名声在当时如日中天，人们纷纷以在欧几里得身边求学为荣。当时来拜欧几里得为师学习几何的人数不胜数，但是欧几里得收学生是有很高要求的，比如那些来凑热闹的、不是真心求学的一概拒之门外，不管他是什么人。当时几何学是一门高深的学问，很多人不懂得为什么要学习这样一种奇怪的知识。曾经有一次上课时，欧几里得在认真地讲课，一位权贵子弟怎么也听不懂，就依仗自己家的权势直接问欧几里得："老师，学习几何会使我得到什么好处？"欧几里得停下来思索了一下，叫来一位仆人，告诉他拿三个钱币给这位无知的学生并打发他离开学园。那位权贵子弟很不服气，欧几里得告诉他说："这就是你在学习中获得的利益，现在，拿着这几个钱币赶紧离开吧！"由此可以看出欧几里得是一位正直、追求真理的老师，这一点，给了他的学生以及学生的学生阿基米德深深的影响。

阿基米德在亚历山大这样一座智慧之城里学习多年，深得学习数学的乐趣。在这里，由于欧几里得对学术的钻研和痴迷，学园里形成了多元并进的学习风气。阿基米德在这里如鱼得水，他不但跟随过许多著名的数学家学习，还认识了许多优秀的人。他如饥似渴地汲取知识，对力学和天文学也产生了浓厚的兴趣。在学习天文学时，他还发明了用水利推动的星球仪，并从星球仪斗转星移的变幻中悟到了地球的形状和运动的方式。阿基米德是一个很善于思考和汲取新知识的人，他在学习数学过程中不但继承了欧几里得的优秀之处，还兼收并蓄了东方和古希腊的优秀文化遗产，他沉迷于几何的魅力之中，也在物理学、力学等方面有高深造诣。他还活学活用，善于融会贯通各科知识，利用自己掌握的知识解决一些生活中的小问题，这为他后来的科学生涯奠定了深厚的基础。

比如杠杆的知识，古代埃及人很早就会使用，但是在阿基米德之前没人能科学地指出杠杆的原理，有些科学家还认为是什么"魔性"。阿基米德不相信这个断言，他更相信自己的观察和实验。阿基米德经过反复地观察、实验和计算，终于发现"二重物平衡时，它们离支点的距离与重量成反比"。这就是现在的杠杆的平衡定律："力臂和力（重量）成反比例"。换句话说就是：要使杠杆平衡，作用在杠杆上的两个力（用力点、支点和阻力点）的大小跟它们的力臂成反比。也就是要想使杠杆达到平衡，动力臂是阻力臂的几倍，动力就是阻力的几分之一。正因为阿基米德确立了杠杆定律，他才能就豪迈地推断说："给我一个支点，我就能撬起整个地球！"

这句话说得没错，符合杠杆平衡定律，那么为什么阿基米德没能撬动地球，甚至到今天也没人能完成这样的一个壮举呢？那是因为这个支点必须在地球外，他找

不到这样的一个支点；就算有支点，他也弄不到那么长的杠杆；就算有那么长的杠杆，地球转得比他快多了，他根本追不上啊！

所以有一位叙拉古国王听说后，就对阿基米德说，他没有亲眼见到这样的事情是不会相信的。国王认为阿基米德在吹牛，就命令阿基米德用他吹嘘的无所不能的杠杆把一艘很大的船推进水里，否则就治他吹牛的罪。国王当时认为这件事几乎不可能做到，因为这艘船造好后，国王用上了整个叙拉古城的人，也没法把它推下水。阿基米德只是笑笑说："好吧，我替你来推这一艘船吧。"

阿基米德来到这艘巨大的船跟前，仔细观察了这艘船的位置和大小，向工人了解了它的重量，就利用杠杆和滑轮的原理，设计、制造了一套巧妙的机械，并且把这套机械和船身固定好，现在，只需轻轻一动，这艘船就可以沿着斜坡进入水中了。万事俱备后，阿基米德请国王来观看大船如何离岸下水。

阿基米德很了解国王的怀疑心理，他请国王走上去，让国王拉住那根拉动动力臂的粗绳头，只是轻轻一下，让国王和大臣们目瞪口呆的事情发生了，那艘大船居然真的慢慢移动起来，顺利地滑到了水里！在场的人都无法相信自己的眼睛，他们更相信阿基米德是一位魔法家，他会使魔法让大船入水。国王也通过这件事深深被阿基米德折服。叙拉古国王是一位信守承诺的人，他告诫手下的大臣，从此以后，无论阿基米德讲什么，都要相信他。

阿基米德受老师影响，一直醉心于科学研究，他对于几何的研究几乎达到希腊数学的顶峰。他把欧几里得严格的推理方法与柏拉图鲜艳的丰富想象和谐地结合在一起，利用“逼近法”算出球面积、球体积、抛物线、椭圆面积，还利用割圆法求得 π 的值介于 3.14163 和 3.14286 之间，为后代的微积分数学立下汗马功劳。毫不夸张地说，开普勒、卡瓦列利、费马、牛顿、莱布尼茨等人在微积分数学上的成就都是因为站在阿基米德这位巨人的肩膀上。阿基米德还算出球的表面积是其内接最大圆面积的四倍，又导出圆柱内切球体的体积是圆柱体积的三分之二，这个定理是阿基米德最喜爱的，以至于他之后要求将来刻在他的墓碑上。

阿基米德一生研学非常严谨，他非常重视试验，对于机械的研究程度非同一般的精深，而且流传甚广。他曾经设计、制造了许多仪器和机械，除了上文提到的举重滑轮，还有灌地机、扬水机以及军事上用的抛石机等。

阿基米德年轻时曾经外出游历，他在久旱的尼罗河边散步，看到田地龟裂，许多衣衫褴褛、面带菜色的农民不得不从河里提水浇地。农民的艰辛深深打动了善良

的阿基米德，他很想帮助农民省一点力。于是他反复思考和试验，终于发明了一种利用螺旋作用在水管里旋转而把水吸上来的工具，这样埃及的农民再也不用费力提水浇地了。人们很感激阿基米德，给这个仪器起名叫作“阿基米德螺旋提水器”。后来这个工具被人借鉴，竟然成了螺旋推进器的先祖。

阿基米德是个爱国的科学家，在战争到来的时候，他的智慧给了国民莫大的帮助。公元前 218 年，阿基米德已经七十高龄了，这时罗马帝国与北非迦太基帝国爆发了第二次布匿战争。公元前 216 年，迦太基大败罗马军队，一向投靠罗马的叙拉古的新国王（海维隆二世的孙子继任）转头与迦太基结盟，罗马帝国派马塞拉斯将军领军从海路和陆路同时进攻叙拉古，誓要惩罚叙拉古这个叛徒。一时之间，叙拉古陷入重重包围，城市危在旦夕。阿基米德应召不得不从实验室走出，面对大军压境，阿基米德该怎么帮助市民们保卫自己的家园呢？他绞尽脑汁，夜以继日地发明御敌武器。

阿基米德利用杠杆原理制造了一种巨大的起重机，这种机器酷似现代的吊车，能将敌人的舰船轻松抓起，狠狠摔下，杀伤力非常大。他还发明叫作石弩的抛石机，这种大型杠杆在阿基米德的设计下，具有很远的投掷能力，能把大石块投向罗马军队的战舰，砸得罗马的战舰支离破碎，只能退居远处，不敢再靠近叙拉古的海港。他还发明了一种发射机，能把矛和小石块射向罗马士兵，这种发射机力量大，投射准，进攻的罗马军队一时间被打得血流满地，士兵死伤无数，兵强马壮的罗马军队竟然无法前进半步，叙拉古人兴奋地高呼阿基米德的名字。罗马将军马塞拉斯不得不苦笑承认：“阿基米德是神话中的百手巨人。”

马塞拉斯将军很善于打仗，面对如此困境，他把军队分成两路，先让一支军队从陆路进攻，吸引了叙拉古城的主要防御力量，同时悄悄带另一支军队从水路进军叙拉古。军队很快靠近叙拉古的海岸线，叙拉古城的哨兵也很快发现了海上的敌人，可是城里只剩下了老人、妇女和孩子，根本没有防御能力，大家急忙去找阿基米德，把希望都寄托到了这位老科学家的身上。

阿基米德白发苍苍，却是智慧满腹。他看到城外的敌舰即将靠岸，让妇女和孩子迎战是不现实的，他忽然看到敌舰上迎风招展的帆布，灵机一动，让每人都拿出自己家中的镜子一齐来到海岸边，教大家调整镜子的方向，让镜子把强烈的阳光集中反射到敌舰的主帆上。千万面镜子的反光聚集在船帆的一点上，船帆迅速燃烧起

小胖

来了，火势很大，趁着风力，越烧越旺，很多船只在海里倾覆。罗马人以为阿基米德又发明了新武器，只好放弃进攻逃跑了。

事实上，阿基米德在力学上的成就还只是牛刀小试，他在物理学上也有很深的造诣。他证明了物体在液体中所受浮力等于它所排开液体的重量，这一结果后被称为阿基米德原理。

关于浮力的证明有个非常有趣的故事。公元前240年，阿基米德回到叙拉古。不久，他被国王聘请为顾问。叙拉古的国王喜爱骄奢的生活，他特别喜爱金光闪闪的饰物，就给了工匠一些黄金，命他做一顶纯金的王冠。金匠日夜赶工，精雕细琢，做成的金冠很漂亮，国王很满意，称量后这顶金冠与当初交给金匠的纯金一样重。但国王疑心很重，他总怀疑工匠在所做的金冠中间掺杂了银，质问工匠，工匠连声喊冤。怎么办呢？于是国王请有名的科学家阿基米德来检验皇冠的真假，但要求阿基米德不能毁坏这顶美丽的金冠。

阿基米德想了很久都没办法两全其美。有一天，他坐进澡盆里洗澡时，仆人把水放满了浴缸，阿基米德一跨进浴缸，水就哗地四溢。看到水往外溢，阿基米德刚想责备仆人，突然灵机一动想到测量金冠的办法了。原来他想到金子和银子的密度不同，可以用测定固体在水中排水量的办法来确定金冠的体积。这下子阿基米德豁然开朗，他跳出澡盆，光着身子就跑向实验室，嘴里还大声喊着："尤里卡！尤里卡！"（古希腊语，意思是"找到了"。）果然，他把王冠和同等重量的纯金放在盛满水的两个盆里，比较两盆溢出来的水，发现放王冠的盆里溢出来的水比另一盆多，这就说明王冠的体积比相同重量的纯金的体积大，密度不相同。在那个古老的时代，这种利用浮力的方法检验金属的纯度已经算是很先进了。这次试验不仅验证出金冠的真假，更重要的是阿基米德从中发现了浮力定律（阿基米德原理）：物体在液体中所获得的浮力，等于它所排出液体的重量（广为人知的排水法）。

阿基米德的一生充满传奇色彩，他对科学的痴迷精神影响了无数人，他对数学和物理学的发展以及社会进步和人类发展作出了巨大的贡献。他是文艺复兴时期的达·芬奇和伽利略等人的楷模，大科学家牛顿和爱因斯坦也都曾从他身上汲取过智慧和灵感，称赞他是"理论天才与实验天才合于一人的理想化身"。但是，这样一位伟大的科学家竟然在战争中死于非命。公元前212年，由于双方实力悬殊，古罗马军队终于占领叙拉古。城破日阿基米德仍在孜孜不倦地钻研，丝毫没有意识到危险即将来临，结果被闯入的罗马士兵杀死，终年 75 岁。入侵的罗马将领听闻这件事也非常遗憾，处罚了杀死阿基米德的无知士兵，将阿基米德的遗体葬在西西里岛，并尊重阿基米德生前愿望，在他的墓碑上刻了一个圆柱内切球的图形，以纪念他在几何学上的卓越贡献。

第五章
罗马的天文、建筑和文化

说到古罗马，亲爱的孩子，你会想到什么呢？是那气势磅礴的斗兽场？是我们沿用至今的儒略历？还是威名远扬的恺撒大帝和他统治下的秩序井然的庞大帝国？或者还有那刻板而威严的元老会？

一提起古罗马，我们不由得会想到一个代表性的人物——恺撒大帝。

话说恺撒大帝带领着罗马铁骑横扫了欧亚非大陆，赫赫战功，彪炳史册。正因为恺撒大帝的铁骑横扫欧洲，才给欧洲带来了一股另类的文化——讲究秩序的罗马文化。

罗马文化深受希腊文化的影响，但它在战争这个特殊的情况下同时也形成了自己独特的文化。

首先是儒略历的编制和推行。你知道什么是儒略历吗？你知道我们现在使用的公历的创始人是谁吗？说起来你可能不信，儒略历的创始人竟然是古罗马的独裁者盖厄斯·儒略·恺撒（公元前 102 年 7 月 12 日—公元前 44 年 3 月 15 日），这本儒略历其实是恺撒大帝在埃及亚历山大的希腊数学家兼天文学家索西琴尼（活跃于公元前 46 年前后，生平不详）的帮助下制定的一本新历法，因此人们以恺撒之名叫它儒略历，并在公元前 45 年 1 月 1 日起执行此历法，废除了旧罗马历法。儒略历的采用给罗马带来了新的秩序，终于结束了没有儒略历之前各地人民计时不统一的混乱情况，一直到 16 世纪前，西方国家大多推行使用儒略历。

那么恺撒大帝是怎么想起要改建历法的呢？其实最开始罗马人是没有儒略历的，各地都是罗马神官们自行决定的，各地用各地的日历记事，这样就导致各个国家的时间都不一样。这在罗马势力范围小的时候还没什么妨碍，在恺撒建立了庞大的罗马帝国以后，这种分散计时的缺陷就明显地影响了治理国家的效率。举个例子来说，如果恺撒想去埃及拜访埃及女王，他们见面后会发现约定的时间各不相同，也许会相差一天，也许好几天。这样就导致恺撒的命令无法被迅速有效地执行。野心勃勃的恺撒大帝怎么可能容许有这样的错误和低效的事情发生呢？他连忙找来希腊数学家兼天文学家索西琴尼向他请教，后来发现是因为当时没有统一的日历，比如古埃及实行的是太阳历，而古希腊实行的则是太阴历。这怎么能行呢？究竟该采用哪一个日历呢？索西琴尼研究后，发现它们都有各自的缺陷，都不太精确和方便，于是聪明能干的索西琴尼在恺撒的指挥下，结合它们各自的优点，制定了儒略历。它规定一年分 12 个月，每个月的命名也很有意思，从 March 到 February，前 11 个月以数字命名，最后一个月（February）是腊月。后来改历，January 成为第一个月，各月名逐渐改用俗名或以神命名。如：一月（January）名字来自古罗马神话的双面神雅努斯；五月（May）名字则来自古罗马神话的花神玛亚；七月（July）的来由跟赫赫有名的恺撒有关系，它原名本是“第五”的意思，但因为恺撒是这个月出生的，为表示对皇帝的尊重，经元老院一致通过，将这个月改为恺撒的名字“儒略”；八月也很有故事，原名 Sextilis 是“第六”的意思，后改为 August，是因为它是恺撒的继任者屋大维的生日，遵守规则的元老院就改为“奥古斯都”，这是屋大维的称号。

每个月的名字起好了，每个月该有多少天呢？儒略历规定单数月是大月，长为 31 日，双数月是小月，长为 30 日，只有 2 月平年是 29 日，闰年 30 日。本来是挺好的一件事，但是当时有个拟写通告的僧侣理解错了索西琴尼所说的“隔三年设置一闰年”，结果把“每四年设置一个闰年”变成了“每三年设置了一个闰年”，这下失误可大了，一年要差 3 天左右的时间。可是法令已经颁布出去了，怎么办呢？屋大维想了一个主意，2 月份减掉一天加到他的生日 8 月上，并取消前 5 年、前 1 年、前 4 年和前 3 年的闰年，来补上累积误差的天数。这样后来的儒略历就还是每四年有一次闰年，平年 365 日，闰年 366 日，每年平均长度是 365.25 日。自从儒略历推行后，罗马帝国再也没有了各个国家时间混乱的事情发生，恺撒大帝的通知也能及时传达下去了。其实儒略历的创立不只是军事上方便了统治者，使古罗马在恺撒的统治下更加表现出秩序和繁荣，它给罗马人和后来的人们也带来了很大方便，因此，儒略历一直流传下来。

虽然儒略历比较精确，使人们的社会生活更有秩序，也更符合地球上节气的变化，对农业生产非常有利，但它也有一点缺陷，它与实际的回归年仍有一点差距，时间久了就会产生误差。到公元 16 世纪，医学教授李利厄斯改进了这一历法，当时的教皇格里高利十三世看到了历法的好处，利用自己的职权大力推广，流传到现在才成为现行的公历。

古罗马的天文学发展很迅速，那时候的古罗马人对天空星辰已经有了一定的认识。这是因为一个了不起的天文学家——托勒密，克罗狄斯·托勒密（约公元90—168年），相传他生于埃及的一个希腊化城市赫勒热斯蒂克，是罗马帝国统治下的著名的天文学家、地理学家、占星学家和光学家。他是古罗马天文学的集大成者，他的天文学理论深刻影响了近代天文学发展。

托勒密所在的时代实在太古老，对他的身世流传下来的资料不多。由托勒密留下的观测记录来看，他的所有天文观测都是在埃及（当时在罗马帝国统治之下）的亚历山大城。他提出了“地心说”，传承和发展了亚里士多德的9层天说法，并把9层天的理论扩大为11层，把原动力天改为晶莹天，又往外添加了最高天和净火天。托勒密设想地球是球形的，是宇宙的中心，离地球由近及远的天体是月亮、水星、金星、太阳、火星、木星和土星等，这些天体都沿着轨道绕着地球旋转。他认为地球本身有一个小圆周，会旋转，地球还会绕着一个较大的圆周做运动，他把绕地球的那个圆叫“均轮”，把地球上的小圆叫“本轮”，他认为均轮是偏心圆，都绕着地球转，而其他的日月行星每天绕地球转动一周。这种理论一出来顿时震惊四野，人们都认为托勒密说的就是真理。

现在我们都知道这种说法是不合理的，但当时这种理论统治了西方天文学界一千多年。为什么当时会有这样的一种理论并被人们广为信奉流传呢？这是因为首先它迎合了人们心目中无所不知的亚里士多德的说法，也是基督教教义中所信奉的。还有当时人们的条件所限，没法更深入了解和验证对错，对天空的观察还是停留在猜想阶段，比较简单肤浅。另外，托勒密这个现在看来不能准确反映宇宙实际结构的数学图景，的确较为完满地解释了当时观测到的行星运动情况，并给当时的人们带来了航海上的实用价值。托勒密不但善于观察，还是个写作高手，他结合自己的观测和推理，写出了著名的《天文学大成》，书中提供了用以计算这个体系各天体之间距离的数学工具，如球面几何和球面三角，还描述了太阳、月球的运动，给出了月地、日地距离以及日食和月食的计算公式。这部巨著是当时天文学的百科全书，直到开普勒的时代，都是天文学家的必读书籍，这是托勒密的伟大贡献。

罗马文化出彩的不仅有天文，还有雄伟壮丽的建筑。苏埃托尼乌斯在《尼禄传》中不客气地说：罗马之所以能被人记住，很大程度应归功于他们气势恢宏的建筑，这才勉强住得像个人样。

的确，至少是2500多年以后的今天，罗马依然是建筑师们推崇的圣地。假如你来到这里，在许多地方你还可以看见那些规模雄伟的建筑：剧场、角斗场、神庙、宫殿、凯旋门等。这些建筑虽然已经历经几千年风雨，但至今依然庄严而优雅地站在那里，接受来自世界各地人们的仰望。

为什么古罗马建筑历经千年却仍屹立不倒呢？一支国际和跨学科研究人员小组利用美国能源部（DOE）劳伦斯伯克利国家实验室（伯克利实验室）的先进光源（ALS）X射线为人们发现了罗马混凝土建筑的长寿和持久性的关键。原来罗马建筑砂浆是由85%的火山灰以及水和石灰组成的混合物，这跟古代罗马人居住的得天独厚的环境有关，他们居住在地中海边上，古代地中海边上曾经发生过很多次火山爆发，每次火山爆发除了带来灾害和死亡，还给古罗马人带来了一样意料不到的宝贝，那就是厚厚的火山灰。古罗马人每次遭逢火山爆发后都要重建家园，渐渐发现这种火山灰来自凝灰岩，是上好的建筑材料，其坚固程度比现代的混凝土还要强。借助这个优势，古罗马人充分发挥自己的聪明才智，吸取了希腊式建筑的优雅

特点，又保留自己的创新，建造的柱形建筑有别于希腊人的优雅，看上去明朗、大气而又雍容华贵，罗马柱也成为现代人推崇的一种优雅庭院设备。

仔细端详，你会发现罗马人的建筑大多是框架式建筑，一般以厚实的砖石墙、半圆形拱券、逐层挑出的门框装饰和交叉拱顶结构为主要特点，简称拱券式建筑。这种拱券式结构的建筑以石头结构居多，上面还设计精美的人头或花纹，显得大气而繁复多姿。一般来说，这种拱形建筑技术上受力均匀，防震防火性质好，坚固耐用。留存至今的有著名的古罗马斗兽场上那座高达 50 多米的拱券式建筑，有罗马万神庙、维纳斯和罗马庙，以及巴尔贝克（在今黎巴嫩）太阳神庙等宗教建筑。

拱券在中国出现较晚，多用于建造达官贵人的坟墓，后来到了魏晋时代才开始用于地上建筑，用砖砌佛塔，东汉时已用来造拱桥，宋代用于造城墙水门，明朝时应用最广，造宫殿寺庙的大殿，俗称“无梁殿”。

古罗马建筑如此辉煌夺目，古罗马人也为之自豪，恺撒大帝手下的一位军事工程师维特鲁威（约公元前 50 年至公元前 25 年在军中服役）觉得需要对本国的建筑工艺加以总结提炼，维特鲁威的想法得到恺撒的支持，加上他自己本身受过良好的教育，学识渊博，不仅钻研过几何学、物理学、天文学、哲学、历史、美学、音乐等方面的知识，还通晓建筑、市政、机械和军工等项技术，于是他把学到的知识积累起来并加以总结，写出了古罗马的第一本建筑专业指导用书——《建筑十书》。维特鲁威的《建筑十书》共有十章，他在书中规定合格的建筑必须符合三个标准：持久、有用、美观。值得一说的是，维特鲁威这本书中不仅提出建筑物的“均衡”关键在于它的局部，还特别强调建筑师的品德修养，他认为一名合格的建筑师要有才更要有德，才能建造出内外均美的建筑。

在维特鲁特、赫伦等的影响下，同时也为了政治、军事上的需要，罗马帝国大兴土木，留下了许多建筑杰作。首先罗马城是用大理石和速凝混凝土建筑的。城内最著名的建筑是万神庙和椭圆形大罗马竞技场。万神庙是罗马皇帝哈德良于公元120年至124年建造的，至今保存完好。它的屋顶是圆的，直径长达42米，前门由两排16根立柱支撑，带有希腊式神庙的建筑风格，气势宏伟，撼人心魄。而椭圆形竞技场，据说建成于公元72年至80年间，长轴直径达180多米，短轴也有150多米，周围是四层高的看台，据说可容纳5万名观众，也是名噪一时的雄伟建筑。除此以外，罗马美名流传的公共建筑还有凯旋门、纪功柱和公共浴场等，都体现出

罗马人高超的建筑艺术。凯旋门现在位于巴黎市中心戴高乐广场中央的环岛上面，是古代迎接外出征战的军队凯旋的大门，它也是现今世界上最大的一座圆拱门，成为法国的一个建筑窗口。

古代罗马人另一个了不起的艺术就是建立了以古罗马城为中心通往各省的公路网。公路网呈辐射状，水陆交织，四通八达，表现了古罗马人高超的工程技术水平，以至于有“条条大路通罗马”这句话流传至今。此外，罗马的引水工程建设也是很先进的，它的虹吸技术引水道工程尤其著名，想象一下，在那个年代，所引之水能供应罗马城近100万人所需，这是多么了不起的工程，相比美丽优雅的罗马柱，古罗马人的引水技术更加惠国利民。

第六章
中国古代的四大发明

人类发展的历史总是离不开伟大的发明，其中有些伟大的发明对人类的生活方式产生了深远的影响，甚至影响了人类的历史进程，例如中国的四大发明。

中国四大发明之首的指南针是利用磁铁的指向性判别方位的一种简单仪器。你知道吗？两千多年以前，也就是春秋战国时候，中国已经用铁来制造农具了。劳动人民在寻找铁矿的时候，就发现了磁铁，并且知道它能够吸铁。《管子》的数篇中最早记载了这些发现："山上有磁石者，其下有金铜。"说明那时的人已经有了很发达的采矿业。《吕氏春秋》九卷精通篇也有记载："慈招铁，或引之也。"这里的"慈"就是"磁"。古人很早就发现了磁铁的吸附金属铁的性质，但是不懂磁铁的磁性由来，反而把磁石吸引铁看作慈母对子女的吸引，并认为这是一种神奇的有母性的石头，慈爱的石头能吸引它的子女，不慈的石头就不能吸引了。

因为磁石有吸附金属的磁性，到了秦朝，人们把它运用到了建筑上。据说秦始皇修建被誉为"天下第一宫"的阿房宫时，动用大量人力物力，导致民不聊生，怨声四起。秦始皇怕死，为防止有人行刺自己，便下令在前殿以磁石修建了一座门，那时兵器都为铁制，只要有人身上带了铁器，在入门时就会被吸附到门上，从而保卫了皇帝的安全；再有，聪明的秦始皇用它来壮大自己的国威，他特意允许其他国家的使臣们带着兵器朝见，使臣经过此门时身上的铁器瞬间全被吸走，当时其他国家的人还不知道磁石的神奇作用，那些无知的使臣被吓得惊恐不安，以为是神迹，对秦始皇顿时生出崇拜畏惧之心。据《西安地方志丛书·汉代长安词典》记载："磁石门遗址在今咸阳东南的双楼村（今三桥镇双楼寺）。"

到了西汉，人们对磁石的性质了解得更深了，他们发现当把两块磁铁放在一起相互靠近时，有时候互相吸引，有时候相互排斥。据说当时汉武帝特别喜欢新鲜的玩意儿，有一个名叫栾大的方士脑子很灵活，他想走捷径做官，为了讨好汉武帝，利用磁石的这个性质做了两个棋子，通过调整两个棋子极性的相互位置，让两个棋子或相互吸引，或相互排斥，看起来仿佛是两个棋子活了一样。栾大把这个新奇的玩意儿献给汉武帝，汉武帝一见，果然龙颜大悦，当时封栾大为"五利将军"。

如果说磁铁吸附铁器的性质给古代人带来了震惊，那么磁铁的指南性质则改变了世界。磁铁的这种性质真正为人们认识和使用是在战国时期。那时，工匠们无意中发现了磁石的指南性，才有了最初的司南，司南的意思就是指着南方，那时的司南已经有了帮助人们辨别方向的作用。《韩非子》中记载有："先王立司南以端朝夕。"意思是说先王利用司南正四方、定方位。《鬼谷子》中也记载了郑国人采玉时就带了司南以确保不迷失方向。说明当时司南在人们的生活中已经有了广泛的

宫
朕

应用。

到了东汉，人们制作司南已经很是讲究。东汉思想家王充（公元27—约97年）在他的著作《论衡》中对司南的形状和用法做了明确的记录。据说那时的司南是用整块天然磁石制成的石勺，勺置于光滑的地盘之中，地盘外方内圆，四周刻有干支四维，合成二十四向。磁勺分勺身和勺柄两部分，重心落到勺底，无论怎样转动磁勺，勺柄永远指南。其实这个道理很简单，我们知道每块磁铁两头都有不同的磁极，一头叫S极，另一头叫N极。而我们居住的地球，也是一块天然的大磁体，在南北两头也有不同的磁极，靠近地球北极的是S极，靠近地球南极的是N极，我们知道，同性磁极相斥，异性磁极相吸引，所以，不管在地球表面的什么地方，磁勺做的司南，它的N极总是指向北方，S极总是指向南方，当然这S极肯定是勺柄。你看，古人是多么聪明呀！但你知道吗？这样精巧的设计不是凭空而来的，而是一代代古人经过认真观察，积累了大量的知识和经验得来的，他们不但发现了许多自然界有关磁的现象，还经过长期的研究把磁铁的性质巧妙地利用起来。

到了北宋时期，宋朝的工匠发明了用人工磁化铁针的方法，北宋科学家、政治家沈括（公元1031年—1095年）在《梦溪笔谈》的补笔谈中谈到了摩擦法磁化时产生的各种现象："以磁石摩针锋，则锐处常指南，亦有指北者，恐石性亦不……南北相反，理应有异，未深考耳。"就是说，用磁石去摩擦缝衣针后，针锋有时指南，也有时指北。磁石都有N和S两个极，磁化时缝衣针针锋的方位不同，则磁化后的指向也就不同。其实这已经有了磁极的意识，但当时沈括并不知道这个道理，他只是凭借古代科学家的本能意识真实地记录了这个现象并坦白承认自己没有做深入思考，并期望后人能进一步探讨。不管怎样，宋朝的能工巧匠们最终把磁石指南的性质利用到了极点，他们把磁石磨制成指南针，也叫罗盘，并开始应用于航海。北宋朱彧在《萍州可谈》中谈道："舟师识地理，夜则观星，昼则观日，阴晦观指南针。"到了南宋时，指南针流传到阿拉伯，到了13世纪初，指南针又被一些冒险的航海家传入了欧洲，并在航海上普遍应用起来。如果没有这个进程，估计哥伦布发现美洲新大陆的航行和麦哲伦的环球航行还不知道延迟到什么年月呢。

可以说，司南的出现是人们对磁体指极性认识的实际应用的开始，也是一个世界性的创举。但古代的司南也有许多缺陷，如天然磁体不易找到，不易加工，携带很不便等，这可能是司南长期未得到广泛应用的主要原因。

中国古代人或许无意中还发现了磁偏角，北宋宫廷天文学家、堪舆师杨惟德1041年完成的《茔原总录》记载了磁针和磁偏角，沈括在《梦溪笔谈》也谈到指南针不全指南，常微偏东，这也说明中国古代科学家已经意识到了磁偏角的存在。磁偏角和磁倾角的发现使指南针的指向更加准确。到了南北朝，著名的医药家、炼丹家、文学家，人称“山中宰相”的陶弘景（公元456—536年）在《名医别录》中也提出了磁性有强弱之分，还指出了磁力测量的方法，这可能是世界上有关磁力测量的最早记载。

除了指南针，让诺贝尔终身痴迷的火药的发源地也是中国。

中国古代帝王们都希望自己能长生不老，于是就应运出现了许多炼丹的玄家道士，这些炼丹的道士喜欢用硫黄和硝石等炼丹。宋朝人编写的《太平广记》中记载着这样一个故事：隋朝初年，名士杜子春进山去拜访一位炼丹的老道长，老道长思维敏捷、见多识广，两人相谈甚欢，夜晚杜子春留宿在老道长那里。老道长生活清贫，屋小无床，杜子春只能睡在炼丹房里。睡到半夜，山风突起，寒意袭人，杜子春被冻醒了，也不好意思惊动熟睡的朋友，就自己捡拾了些枯枝败叶生火取暖。不料，他在添加柴火时，不小心碰倒了身旁的几个瓦罐，里面的药物倒在火堆里，只听“轰”的一声，一股猛烈的火焰冲天而起，吓得杜子春和应声赶来的老道长落荒而逃，不一会儿，整栋房子就被烧成了灰烬。喜欢琢磨新鲜事物的老道长责备杜子春之余也有了新发现，他发现硝石、硫黄和木炭混在一起竟然有如此惊天之威。于是后来老道长尝试了几次，果然硝石、硫黄和木炭混在一起点燃后爆发的威力惊天动地，老道长大喜。从此以后，一种改变世界的新型物质产生了。因为硫黄、硝石、木炭这三种东西最开始是道士们用来给病人治病的药物，把它们混合在一起又会发火，因此得名“着火的药”，后来简称火药，也是最早的黑火药。

火药问世后，给人类的发展提供了无限可能。三国时有个聪明的技师马钧，用纸包火药的方法做出了娱乐用的“爆仗”，开创了火药应用的先河。到了唐朝末年，火药开始应用到军事上，制造出最原始的火炮。到了宋朝，人们将火药装填在竹筒里，火药背后扎有细小的“定向棒”，点燃火管上的火硝，引起筒里的火药迅速燃烧，产生向前的推力，使之飞向敌阵爆炸，这是世界上第一种火药火箭。

火药的作用对于人类的发展至关重要，德国思想家、哲学家、革命家弗里德

里希·冯·恩格斯（公元1820年11月28日—1895年8月5日）曾在《德国农民战争》中明确指出："一系列的发明都各有或多或少的重要意义，其中具有光辉的历史意义的就是火药。现在已经毫无疑义地证实了，火药是从中国经过印度传给阿拉伯人，又由阿拉伯人和火药武器一道经过西班牙传入欧洲。"的确，古代中国人发明火药的时间远远早于欧洲人，欧洲人约在13世纪时才懂得黑火药的作用，而作为爆炸药和推进剂的黑火药，一直到19世纪中后期才逐渐被诺贝尔发明的炸药所取代。

中国四大发明之中的造纸术，对世界造纸业的发展及人类文化的传播具有深远的影响，并且基本工艺一直沿用至今。

说起蔡侯纸，还有个有趣的故事，人类没有发明纸以前，我国使用的书写材料主要有甲骨、简牍和缣帛等。

甲骨就是乌龟的甲壳，很硬，刻字不方便；简牍就是竹简，保管和运输很不便；缣帛就是绢类的丝绸织物，轻便倒是轻便了，但是价格昂贵，一般人用不起，因此也难普及。怎么办呢？古代的读书人只能一边读书一边做力气活搬运竹简。在东汉年间出了个宦官蔡伦，他是一个头脑灵活的人，勤快嘴甜，做事很有办法，得到皇帝的信任。当时汉朝的皇帝批阅公文用的都是简牍和帛书，每天皇帝要批阅大量的公文，宫殿里总是堆满了简牍，皇帝批阅的时候劳神费力，很是不耐烦。蔡伦看在眼里，便想着能不能造出一种更简便廉价的书写材料，让天下的文书都变得轻便、易于使用呢？当时，蔡伦担任宫廷里的尚方令，负责监督宫廷物品的制作，东汉最好的手工工艺匠人都归他管，他问遍了工匠都不知有什么好办法，蔡伦只好慢慢想办法。蔡伦是个具有钻研精神而且追求完美的人，一旦产生了这个念头，他便再也放不下了。

有一天，蔡伦出宫办事，顺便带着几名小太监出城游玩，到了离城（指汉魏故城，今白马寺东南一带）不远的缑氏县陈河谷，也就是凤凰谷（今玄奘故里一带）。这里一条清澈的小溪淙淙地流着，两岸植物茂密，景色宜人。不知是谁在小溪边扔了一些渔网、树皮之类的废弃物，小太监们知道蔡伦爱洁，急忙去清除。有一个小太监用树枝挑起那堆垃圾，蔡伦无意中瞟了一眼，忽然看到上面挂浮着一层薄薄的白色絮状物，整天思考着如何造纸的蔡伦不由得眼睛一亮。他急忙制止小太监，蹲下身去，用树枝挑起那层白色物质细看，只见它薄薄一层，洁白犹如丝绵，很像皇

帝批阅公文用的缣帛。他立即命小太监找来河旁的渔夫询问，渔夫仔细看过后说那是一种树的烂树皮和渔网沤烂了结成的。蔡伦似有所悟，也不游玩了，率领几名小太监剥树皮带回宫。回宫后，蔡伦亲自指挥工匠把树皮捣碎、泡烂，再加入渔民用来编织渔网的麻缕，一起捣烂制成稀浆，摊到竹席上薄薄一层，等到晾干，揭下，便得到了薄而洁白绵韧的东西，在上面试着写字，效果比缣帛还好。蔡伦大喜，挑选出规正的几张，进献给和帝。和帝试用后龙颜大悦，当天就重赏蔡伦，并诏告天下，推广造纸技术。后来，到了元初元年（公元114年），蔡伦的纸越造越好，能厚能薄，质细有韧性，兼有简牍价廉、缣帛平滑的优点，而无竹木笨重、丝帛昂贵的缺点，真是利国利民，皇帝高兴地封蔡伦为“龙亭侯”。因为纸是蔡伦发明的，给贫寒的读书人带来了很大便利，所以人们感激地把这种新的书写材料称作“蔡侯纸”。蔡伦真是个有钻研精神的古代科学家，如果在现代，说不定能获得诺贝尔奖呢。

后来造纸术在公元7世纪经朝鲜传到日本，公元8世纪中叶传到阿拉伯联合酋长国，到公元12世纪欧洲才仿效中国的方法开始设厂造纸。

有了纸，人类的智慧得以不断流传，为社会的进步和发展起到了巨大作用。但是聪明的中国人并不满足于此，而后又发明了印刷术。

印刷术是中国古代四大发明之一。它开始于隋朝的雕版印刷，雕版印刷是用刀在一块块木板上雕刻成凸出来的反写字，然后再上墨，印到纸上。这种方法很是烦琐，每印一种新书，木板就得从头雕起，速度很慢。如果刻板出了差错，又要重新刻起，劳作之辛苦，可想而知。这么麻烦的印刷工艺持续了好多年，到了北宋年间，一个平民工匠毕昇（约公元970—1051年）成为印刷术的改革者，其实在毕昇之前就有人曾尝试过用木块印刷，但是易变形没有成功。毕昇是个有钻研精神的人，他不像别人只是闷头做事，而是积极想办法创新。一天，他在休息时间到路上散步，看到有几个小孩在玩胶泥，他们把胶泥切成方正的泥块，在火里烧一烧后，放在地上当桌子和碗。毕昇看到了忽然想到，是不是可以用胶泥做字模呢？烧制后的胶泥也不易变形。于是，他马上挖了一大坨胶泥，回去用胶泥做成一个个四方形的长柱体，在上面刻上反写的单字，一个字一个印，放在土窑里用火烧硬，形成活字。然后按文章内容，将字按照顺序排好，放在一个个铁框上做成印版，再在火上加热压平，这样就可以印刷了，印刷结束后把活字取下保管好，下次还可再用，这

样做大大提高了印刷的效率。毕昇也不藏私，毫无保留地把技术教给大家，一时传为佳话。

后来，人们在毕昇发明的活字印刷启发下又发明了转盘排字方法和金属活字法等，使活字印刷得到了改进。后来，印刷术传到朝鲜半岛、中东一带和东欧；到15世纪，德国人学会了用合金铸字，从此毕昇首创的活字印刷在欧洲各地推广开来。

综上所述，中国古代四大发明都闪烁着古代中国人的智慧之光，体现出科学的深邃和力量。它对世界的发展和进步作出了应有的贡献。

第七章
灿烂的东方文明

古代的阿拉伯人骑着小毛驴，把阿拉伯数字传到世界各地，打造了一个数字世界，还滋养了一座“智慧之城”。印度则是一个神秘的国度，它的佛教文化吸引了唐朝僧人玄奘长途跋涉来到这里取经，并把中华科学文化的种子撒播在那里。

小朋友，你知道古代世界七大奇迹吗？让时光回溯到公元前 40 世纪至前 2 世纪，在地中海东岸，从尼罗河三角洲、黎凡特、新月沃土、两河流域至安那托利亚，先后诞生了人类最早的两河文明、四大文明古国的巴比伦与古埃及、西方文明的源祖古希腊，以及洲际大帝国古罗马，也因此有了古代世界七大奇迹的现世。

说起古代世界七大奇迹，它们包括吉萨金字塔、宙斯神像、罗德岛巨像、巴比伦空中花园、阿尔忒弥斯神庙、摩索拉斯王墓和亚历山大灯塔，但遗憾的是，随着历史的发展，大多数古文明遗迹已经消失，其中唯有金字塔至今还存留于世。

如今，埃及境内保存至今的金字塔共 96 座，大部分位于尼罗河西岸可耕谷地以西的沙漠边沿。其中胡夫金字塔（规模最为庞大）最有名，它是法老（古埃及的国王）的陵墓，建于公元前 27 世纪，总高 146.5 米，相当于 40 层高的摩天大厦，底边各长 230 米，由 230 万块重约 2.5 吨的大石块叠成，总占地 5.39 万平方米。在当时一切皆为人力的情况下，如此巨大的石块如何层层相叠，至今仍是个谜。塔东南有巨大的狮身人面像。

那么，法老为什么要建造金字塔呢？

相传，古埃及第三王朝之前，无论王公大臣还是老百姓死后，都被葬入一种用泥砖建成的长方形的坟墓，古代埃及人叫它“马斯塔巴”。但后来，大约在第二至第三王朝的时候，埃及人极度信奉神，并产生了国王死后要成为神，他的灵魂要升天的观念。在后来发现的《金字塔铭文》中就有这样的文字：

“为他（法老）建造起上天的天梯，以便他可由此上到天上。”

这样再让即将升入天神境界的法老住“马斯塔巴”就不合适了。有个建造陵墓的叫伊姆荷太普的人发明了一种新的建筑方法。他不再用传统的泥砖，而是用山上采下的呈方形的石块做建造陵墓的主要材料，巨大的石块呈梯形逐渐堆积上去，下宽上窄，底座四方形，每个侧面是三角形，样子就像汉字的“金”字，既结实又颇具威仪。他不断修改修建陵墓的设计方案，最终建成一个六级的梯形塔式陵墓，这就是我们如今所看到的金字塔的雏形。

金字塔里面存放的就是法老的遗体——木乃伊。在很多影视作品中可以看到神秘的包裹成俑状的木乃伊。其实，木乃伊是古代埃及人经过特殊处理而完好保存下来的尸体。前后 3000 多年内，古埃及人将尸体制成木乃伊的方法有不少改变。不过多数学者专家认为，防腐方法在公元前 10 世纪左右发展至巅峰，这一行业的存在，表明古埃及人已掌握了物理、化学、医学等方面的科学知识。他们用作干燥剂的氧化钠，经现代科学分析，乃是碳酸钠、碳酸氢钠、盐和硫化钠的混合物，可见这些物质的化学作用，当时已为人所知。

再说说金字塔前的狮身人面像。胡夫金字塔的附近建有一个雕着第四王朝法老胡夫的儿子哈夫拉的头部而配着狮子身体的大雕像，这就是“狮身人面像”，西方人也称它为“司芬克斯”。为什么刻成狮身呢？因为法老死后要成为太阳神，而在古埃及神话里，狮子乃是各种神秘地方的守护者，也是地下世界大门的守护者。它又配有哈夫拉的头部石像，这象征着法老的权利至高无上，威不可侵。它至今已有 4500 多年的历史。整个狮身人面像是在一块巨大的天然岩石上凿成的。雕像高 20 米，长 57 米，一只耳朵就有两米高。

在众多金字塔中，最为著名的是胡夫金字塔，又称齐阿普斯金字塔，它兴建于公元前 2760 年，是历史上最大的一座金字塔，被列为世界七大奇观的首位，至今仍屹立在吉萨高原开罗郊区。

这座大金字塔原高 146.59 米，经过几千年来的风吹雨打，顶端已经剥蚀了将近 10 米。在 1888 年巴黎建筑埃菲尔铁塔以前，它一直是世界上最高的建筑物。这座金字塔的底面呈正方形，每边长 230 多米，绕金字塔走一周，差不多要走 1 千米的路程。

胡夫的金字塔，除了以其规模的巨大而令人惊叹以外，还以其高度的建筑技巧而著名。整个金字塔建在一块巨大的凸形岩石上，是由约 230 万块石块砌成，每块石头平均有 2000 多公斤重，最大的有 100 多吨重。这些巨石是从尼罗河东岸开采出来的，而当时的情形是既无吊车装卸，也无轮车运送。令人吃惊的是，这些石块之间没有任何粘着物，而是一块石头直接叠在另一块石头上，完全靠石头自身的重量堆砌在一起的，表面接缝处严密精确，连一个薄刀片都插不进去。而塔的东南角与西北角的高度误差也仅 1.27 厘米。

在当时既无合适的采集工具，又无先进的运输设备的情况下，金字塔究竟是怎样建造起来的呢？这成为后世人争论不休的一个话题。

被称为“西方史学之父”的希罗多德曾记载，建造胡夫金字塔的石头是从“阿拉伯山”（可能是西奈半岛）开采来的。不过我们如今知道，这是不可能的，因为距离太远。那些石头多半是本地开采的。在那时开采石头并不容易，埃及人当时是用铜或青铜的凿子在岩石上打上眼，然后插进木楔，灌上水，当木楔子被水泡胀时，岩石便被胀裂，由此会得到建造陵墓需要的巨大石块。也许有的读者说，为什么不用炸药呢？但你可要知道，在 4000 多年前，中国的火药术还没有发明呢，更别提传到古埃及了。古埃及人这些在现在看来很笨拙的采石方法，在当时却已经是很了不起的了。当时的运输也极为困难，没有起重机，没有机车，古代埃及人是靠双手将石头装在雪橇上，用人和牲畜拉。困难还不仅仅是这些，运输过程中需要宽阔而平坦的道路，古埃及人还要修建出平坦宽阔的道路。据古希腊历史学家希罗多德的估算，仅修建运输石料的路和挖掘建造金字塔的地下墓室就用了十年的时间。

在给自己建造金字塔时，残暴的法老胡夫强迫所有的埃及人为他做工，他们被分成十万人的大群来工作，每一大群人要劳动三个月。这些劳动者中有奴隶，也有许多普通的农民和手工业者。据猜测，古埃及奴隶是借助畜力和滚木把巨石运到建筑地点的，他们又将场地四周天然的沙土堆成斜坡，把巨石沿着斜坡拉上金字塔。

就这样，堆一层坡，砌一层石，逐渐加高金字塔。如此艰难巨大的工作量，导致建造胡夫金字塔花了整整 20 年的时间。

后人来到胡夫金字塔参观看到的是：入口处四块巨大的石板构成“人”字形拱门，往里是 100 余米长的坡状隧道直达墓室。墓室长 10.43 米，宽 5.21 米，高 5.82 米，与地面的垂直距离为 42.28 米。室内仅有一具深褐色磨光的大理石石棺，但棺内空空，棺盖去向不明，至今仍是科学家们百思不得其解之谜。墓室上方有 5 层房间，最高的一层顶盖是三角形的，为的是把上面压下的重量均匀地分布在两边。同时，墓室还有砌筑在石块中的通风道。墓室主要分法老墓室和王后墓室。法老墓室延伸到地平线以下 30 米处，墓室左侧，放置着法老出游时乘坐的宝车、使用的宝床。位于墓室中央部位的是法老胡夫的棺椁，是用镶有金边和贴有金块的大型木料精雕细刻而成，十分华丽精美，棺椁分为两层，上层是法老的全身木制雕像，下层放置着法老的木乃伊。陪葬品有法老心爱的宝剑、宝刀、古埃及式宝船、宝瓶、宝箱，最吸引人的是四个巨大的百宝盆，内装有奇珍异宝，价值连城，棺木前方有两位手持神器的守护神，四角有四位美丽的侍女。王后的墓室比法老的墓室规模略小一些，她的棺椁为一巨大的整体石料雕刻而成，工艺精细，十分华丽，里面陈放的是王后的木乃伊。她的陪葬物也很丰富，左侧角落有神鹰像、百宝箱及狮身人面像。右侧角落放置着王后使用的梳妆台。总体看来，胡夫大金字塔外形庄严、雄伟、朴素、稳重，与周围无垠的高地、沙漠浑然一体，十分和谐。它的内部构造复杂多变，结构精密，陈设奢靡华丽，令人赞叹不已。

当然，这些都是科学家们根据前人的一些记载和遗址的情况进行的推理猜测，但不可否认的是，能干的古埃及人发现并创造了世界最早的专用书写工具——芦苇笔、莎草纸（5000 年前），聪明的古埃及人还研究出了世界最早的几何和最早的数学，他们还很早就掌握了铜的技术，这些都可能为古埃及人创造出举世瞩目的古埃及文化提供坚实的依据，使古埃及成为人类文明的发祥地之一。

中国也是世界文明的发源地之一，有着五千年的文明史，与古埃及、古巴比伦、古印度并称为“四大文明古国”。但随着历史的发展，古埃及、古巴比伦、古印度都由于外族的入侵而失去了独立，中断了古代文明，而中国成为世界上唯一文明传统未曾中断的古国。早在国家形成前，黄帝、尧、舜、禹等就先后活动于黄河流域。启于公元前 21 世纪建立了我国第一个奴隶制国家夏，经商、西周、春秋四个阶段，我国的奴隶制度经历了 1600 年的延续、发展期，这是别的文明古国所根本无法比拟的。随着我国奴隶制在公元前 476 年的结束，我国的历史也就于公元前 475 年进入了封建社会，这比西欧于公元 476 年才开始向封建社会过渡早了 1000 年。我国于公元前 221 年就建立了统一的、多民族的中央集权制国家——秦；而西欧的英法则在公元 1453 年英法百年战争结束后，才开始走上中央集权的民族君主国的道路，比我国晚了 1600 多年。

从公元前 3 世纪到 15 世纪，中国的科技发明使欧洲望尘莫及，有许多项目比欧洲早几百年，甚至上千年。这些发明改变了世界的面貌和人们的生活，其波及范围不限于某一局部地区，而是整个世界；其影响所及不是一时一世，而是持续千百年之久。例如，造纸、印刷术、火药、指南针四大发明成为古代中国彪炳世界的底气，是中华民族对世界文明的伟大贡献，深刻影响了世界文明的进程。古代中国在农业和牧业、手工业、城市建设、宗教信仰、古代音乐、绘画、雕刻艺术、天文与历法、数学和金属矿产开采等领域也都有熠熠生辉的闪光之处。

英国学者格林·丹尼尔写了一本书叫《最初的文明》，提出了文明的三条标准：第一条标准就是要有城市，就是发掘出的遗址中应该有城市，而且作为一个城市要能容纳5000人以上的人口。第二个条件是文字，因为没有文字的发明，人类的思想文化的积累就不可能存留和传播。第三个条件是要有复杂的礼仪建筑。什么叫复杂的礼仪建筑呢？简单来说，就是一个建筑物不是为了一般生活需要而建造的，而是为了宗教的、政治的或者经济的原因而特别建造的一种复杂的建筑。比如说古代埃及的金字塔，任何人去参观，站在金字塔前，对着狮身人面像，都会感觉到这是一种文明。追溯历史，大约在3500多年前的商朝，中国就有了刻在龟甲和兽骨上的文字，这是中国最早的文字，称为甲骨文。说起甲骨文的发现，还有个故事。

甲骨文的现世要感谢一个名叫王懿荣的人，他是清朝光绪年间一位学者，也是当时最高学府国子监的主管官员。有一次他生病，家人给他抓来药材，他无意中翻看，看见一味中药叫龙骨，觉得奇怪，就翻看药渣，没想到发现上面居然有一种看似文字的图案。对古文字颇有造诣的王懿荣立时意识到这不是普通的药材，可能是一种失传的文字。他急忙叫家人把药店里剩余的龙骨都买了下来，善加保管，并把这些奇怪的图案画下来。经多方考证研究，最终他确信这是一种古代文字，而且比较完善，应该是殷商时期的，甲骨文从此进入了文字研究的历史。目前甲骨文保存下来的也总共只有10万余片，专家们在其上已经发现含有4000多不同的文字图形，其中已经识别的约有2500多字，被认为是现代汉字的早期形式，有时候也被认为是汉字的书体之一，也是现存中国最古老的一种成熟文字。因为这些龙骨主要是龟类、兽类的甲骨，又称契文、龟甲文或龟甲兽骨文，因此衍生出来专门研究它的学科就叫作“甲骨学”。

绝大部分甲骨文发现于殷墟，这里曾经是殷商后期中央王朝都城的所在地，是商朝政治、经济、文化比较集中的地方。远古时代，人类不了解自然界的变化，所以崇信鬼神。到了商朝，当时统治者特别迷信鬼神，凡事都需要进行占卜吉凶，以确认此事是否可行。例如，天会不会下雨，打仗能不能胜利，做梦预示着什么，儿女结亲合不合适等事情都要进行占卜，占卜所用的材料主要是乌龟的腹甲、背甲和牛的肩胛骨。商朝人后来发展出特有的文字，并在甲骨上记事。在已发现的殷墟甲骨文里，出现的单字数量已达4000左右。其中既有大量指事字、象形字、会意字，也有很多形声字。这些文字和我们现在使用的文字在外形上有巨大的区别。但是从构字方法来看，二者基本上是一致的。这为后人研究中国古代特别是商代社会历史、文化、语言文字留下极其珍贵的第一手资料，也让我们知道保护文物是多么重要。

到了春秋时期，人们发现竹片和木片比较好刻字，由此竹简和木牍替代了龟甲和兽骨。这些材料易得，但太笨重，读一本书可能要几个身强力壮的小伙子抬来抬去，累得汗流浃背。藏书多的人搬家时都要靠牛车搬运。战国时思想家惠施学识丰富，喜欢读书，每次外出游学身后都跟着五辆装满竹简的大车，人们羡慕他的才华，因此有了学富五车的典故。西汉时发明了缣帛或绵纸，但是价格昂贵，只能供少数王宫贵族使用。

自从汉朝发明纸以后，书写材料比起过去用的甲骨、简牍、金石和缣帛要轻便、经济多了，但是抄写书籍还是非常费工夫的，远远不能适应社会的需要。到东汉末年熹平年间（公元172—178年），出现了摹印和拓印石碑的方法，后来又出现了唐朝的雕版印刷术，到宋仁宗时代的毕昇发明的活字印刷，成为印刷史上一次伟大的技术革命。

活字印刷术的发明，为人类文化作出了重大贡献。北宋著名科学家沈括的名著《梦溪笔谈》里曾谈到毕昇活字印刷："板印书籍，唐人尚未盛为之。五代时始印五经，以后典籍皆为板本。庆历中有布衣毕昇，又为活板。其法：用胶泥刻字，薄如钱唇，每字为一印，火烧令坚。先设一铁板，其上以松脂、蜡和纸灰之类冒之。欲印，则以一铁范置铁板上，乃密布字印，满铁范为一板，持就火炀之，药稍熔，则以一平板按其面，则字平如砥。若止印三二本，未为简易；若印数十百千本，则极为神速。常作二铁板，一板印刷，一板已自布字，此印者才毕，则第二板已具，更互用之，瞬息可就。每一字皆有数印，如'之''也'等字，每字有二十余印，以

四大发明
活字 印刷
造 纸

备一板内有重复者。不用，则以纸帖之，每韵为一帖，木格贮之。有奇字素无备者，旋刻之，以草火烧，瞬息可成。不以木为之者，文理有疏密，沾水则高下不平，兼与药相粘，不可取；不若燔土，用讫再火令药熔，以手拂之，其印自落，殊不沾污。昇死，其印为予群从所得，至今保藏。”大意就是活字印刷是庆历年间的平民毕昇发明的，介绍了活字印刷的过程和方法。另外，1965 年在浙江温州白象塔内发现的刊本《佛说观无量寿佛经》，经鉴定为北宋元符至崇宁年间（公元 1102—1106 年）的活字本。这也许是毕昇活字印刷技术的最早历史见证。

中国古代文化对世界文明的贡献不仅止于四大发明，中华文明曾传播、辐射、影响到东北亚、东南亚地区及世界其他国家，也不断地从世界各国文明中吸取营养来丰富和发展自己。古代中国的科学技术曾长期处于世界领先地位，在天文学、数学、农学、医药学等领域取得过许多卓越成就。造纸术、印刷术、火药、指南针四大发明，更是中华民族奉献给人类的杰出科技成果。中国是世界上最早栽培水稻和粟的国家之一。中国生产的丝绸、瓷器闻名世界，在古代中国的历史上，曾出现过汉代张骞、班超出使西域，唐代玄奘西行印度取经、鉴真东渡日本传经，明代郑和下西洋等许多伟大壮举和动人佳话。

4000 多年前，中国经历了传说中的黄帝、炎帝、尧、舜、禹时代。公元前 21 世纪开始，中国已经形成王朝国家，早期的王朝是夏、商、周。公元前 221 年，秦始皇建立了统一的多民族国家。以后经历汉、三国、晋、南北朝、隋、唐、五代、宋辽西夏金、元、明、清等朝代。可以说，中国是世界上少有的历史文化从未间断、一直延续至今的国家。

中国古代建筑震古烁今，堪称世界文明史上的奇迹。万里长城、大运河工程宏伟，石窟雕塑神秘精美，秦陵兵马俑气势宏伟，宫殿、园林巧夺天工。

古代中国的哲学思想博大精深，典籍文献浩如烟海，文学艺术高峰迭起，美不胜收，如：《道德经》《诗经》、楚辞、汉赋、唐诗、宋词、元曲、明清小说；藏族史诗《格萨尔王》、蒙古族史诗《江格尔》、柯尔克孜族史诗《玛纳斯》、维吾尔族《十二木卡姆》套曲；百花竞艳的戏剧艺术，笔墨造化的书法，以神似取胜的水墨绘画等，都是中华民族宝贵的历史文化遗产，对人类文明发展作出了不朽的贡献。至今，人类今天所拥有的很多哲学、科学、文学、艺术等方面的知识，都可以追溯到这些古老文明的贡献。

流经伊拉克的底格里斯河和幼发拉底河的两河流域，产生过饮誉世界的两河文明，孕育了璀璨夺目的古巴比伦文明。一提到古巴比伦文明，令人津津乐道、浮想联翩的首先是“空中花园”。关于“空中花园”有一个美丽动人的传说。相传，古巴比伦的国王尼布甲尼撒二世（公元前604—前562年）娶了波斯国公主塞米拉米斯为妃，公主原来生活的地方是高山，花繁林密，风景很美，她初离故土，很是思念故乡。国王十分疼爱那个妻子，便花费无数心思，命人在王宫建造一个花园。此园高达25米，在高高的平台上，分层重叠，层层遍植奇花异草，开辟了幽静的林间小道，小道旁是潺潺流水。花园中央还修建了一座城楼，矗立在空中。远远望去花园像是悬在天空一样，因此被称为“空中花园”。公主自此愁颜顿解。

当今的法律界人士应该没有不知道《汉谟拉比法典》的，这是古巴比伦对世界文明发展的一大贡献。1901年在埃兰古城苏萨（今属于伊朗），发现一个黑色的玄武岩圆柱，圆柱上端有汉谟拉比从太阳神夏马修手中接过权杖的浮雕，下面用楔形文字铭刻法典全文，除序言和结语外，共有条文282条，包括诉讼手续、损害赔偿、租佃关系、债权债务、财产继承、对奴隶的处罚等。这就是古巴比伦第六代国王汉谟拉比颁布的一部法律，被认为是世界上最早的一部比较具有系统的法典，也可以称得上现代法律的开山鼻祖了。

与两河文明齐名的还有古印度文明。从喜马拉雅山起步，走过一个被孟加拉湾、阿拉伯海和印度洋环抱的亚洲半岛，滋润了这一方土地，也孕育了一片光辉灿烂的文明，成为一个国度的“圣河”，这条河就是印度河。而这个幸运的国度就是世界四大文明古国之一——印度。古印度的佛教、文学、哲学、艺术、科学等，对世界文化影响深远。大家熟知的玄奘取经，就是在古印度发生的。早在2500多年前，释迦牟尼创立的佛教适应了古印度社会从奴隶社会向封建社会转型的历史进程，因而佛教得以在古印度迅速发展和广泛传播。佛陀涅槃200多年后，印度社会进入阿育王统治时期，佛教在印度的发展达到巅峰，被列为国教，由一个地方教派发展成为最早和最大的世界性宗教。印度佛教的兴起也带动了古印度的石刻建筑艺术的发展，古印度石刻佛像以雕刻精良、尺寸对称著称，当时规模宏大的寺院群让人叹为观止，但可惜的是后来两大教派相争，大多毁灭于伊斯兰教入侵。现存的石构建筑仅有菩提迦耶的大菩提寺，据说是当时的僧人用土木掩护保存下来的。公元67年，古印度佛教沿着古丝绸之路传入中国，同时传入的还有石刻佛像艺术。

在古代印度时期，存在着等级森严的种姓制度。种姓制度从高到低的排列依次是：婆罗门、刹帝利、吠舍、首陀罗。因为婆罗门教宣传婆罗门种姓至上，说梵天用口造婆罗门，用手造刹帝利，用双腿造吠舍，用双脚造首陀罗，并为他们规定了社会职业，永世不可改变。各族间不可通婚，下一等级的人不允许从事上一等级从事的职业。严格的社会等级和种姓制度制约了印度的发展。

第八章
几何建立之源

什么是“几何”？其实“几何学”这个词，是来自阿拉伯文，原来的意义是“测量土地技术”。在远古时代，人们在实践中积累了十分丰富的各种平面、直线、方、圆、长、短、宽、窄、厚、薄等概念，并且逐步认识了这些概念以及它们之间的位置关系和数量关系，这些后来就成了几何学的基本概念。几何学和算术一样产生于实践，但几何之所以能成为一门系统的学科，要感谢一些卓越的希腊学者的工作。

在古希腊，雅典城郊外林荫中的柏拉图学园在古代欧洲文化史上有着特别的地位，大概相当于清华大学在中国的地位。学园的名气越来越大，吸引着当时的学子们，大家都渴望来这里深造。由于它的学术氛围特别好，也有许多学者慕名来到这里潜心研究。学园里不仅提供哲学、政治、法律等方面的教育，对自然科学尤为重视。传说，在学园的大门上赫然写着“不懂几何学者，不得入内”的警示，这是当年柏拉图亲自立下的规矩，为的是让学生们知道他对数学的重视。一天，一群年轻人来到柏拉图学园，想要求学，一抬头看见学园的门口挂着一块木牌，上面写着：“不懂几何者，不得入内！”这下把前来求教的年轻人给吓住了，大家都踌躇不前。这时，一个目光炯炯的年轻人从人群中走了出来，只见他整了整衣冠，看了看那块牌子，然后果断地推开了学园大门，头也不回地走了进去，他就是后来的“几何之父”——欧几里得（公元前330—公元前275年），古希腊人，数学家。他最著名的著作《几何原本》是欧洲数学的基础，提出五大公设，欧几里得几何，被广泛认为是历史上最成功的教科书。欧几里得也写了一些关于透视、圆锥曲线、球面几何学及数论的作品。

在欧几里得以前的希腊，人们已经积累了许多几何学的知识，几何学最早兴起于公元前 7 世纪的古埃及，后经人传到古希腊的都城，聪明的古希腊人泰勒斯又为几何奠基，开始了命题的证明，为建立几何的完整体系迈出了可喜的一步。但这还不足以使几何成为一个系统的完整的学科。在当时的几何知识当中，存在一个很大的缺点和不足，就是大多数是片断、零碎的知识，缺乏系统性，人们学习起来特别艰深。欧几里得敏锐地察觉到了几何学理论的缺点和未来发展趋势，他决心利用自己所学的知识，凭借自己多年的研究，把这些几何学知识加以条理化和系统化，整合成为一整套好学易懂、前后贯通的知识体系。

在学校里，他一边收集研究数学专著资料，向有关学者请教，一边试着著书立说，阐明自己对几何学的理解，他先后写出了不少著作，如《已知数》《图形的分割》《纠错集》《圆锥典线》《曲面轨迹》《观测天文学》等，经过欧几里得忘我的劳动，公元前 300 年彪炳史册的《几何原本》几经易稿最终定形。欧几里得运用自己丰富的几何知识和缜密的思维方法，将公元前 7 世纪以来希腊几何积累起来的既丰富又纷纭庞杂的结果整理在一个严密统一的体系中，从最原始的定义开始，列出 5 条公理和 5 条公设为基础，通过逻辑推理，演绎出一系列定理和推论，从而建立了被称为欧几里得几何的第一个公理化的数学体系。

后世人评价欧几里得，说他作为一位数学家的盛名，并非完全由于他本人的研究成果。在他的书中，其实只有极少的定理是他自己创立的。他的厉害之处，就在于他利用了泰勒斯时代以来积累的数学知识，把两个半世纪的劳动成果条理化、系统化，并且编纂成了一本著作。在编写此书时，他一开始就推出一系列令人钦佩的简要而精致的公理和公式。然后他将定理一一排列，其逻辑性非常强，至今几乎无须改进。

《几何原本》中的数学内容也许没有多少为他所创，但是关于公理的选择、定理的排列以及一些严密的证明无疑是他的功劳，在这方面，他的工作出色无比。欧几里得的《几何原本》共有 13 篇，首先给出的是定义和公理。比如，他首先定义了点、线、面的概念。他整理的 5 条公理其中包括：1. 从一点到另一任意点作直线是可能的；2. 所有的直角都相等；3. a=b，b=c，则 a=c；4. 若 a=b，则 a ＋ c=b ＋ c；等等。这里面还有一条公理是欧几里得自己提出的，即：整体大于部分。虽然这条公理不像别的公理那么一望便知，不那么容易为人接受，但这是欧氏几何中必需

的，必不可少的。他能提出来，这恰恰显示了他的天才。

这的确是一部传世之作，几何学正是有了它，不仅第一次实现了系统化、条理化，而且又孕育出一个全新的研究领域——欧几里得几何学，简称欧氏几何。书中包含了5条“公理”、5条“公设”、23个定义和467个命题。第1—4篇主要讲多边形和圆的基本性质，像全等多边形的定理、平行线定理、勾股弦定理等。第2篇讲几何代数，用几何线段来代替数，这就解决了希腊人不承认无理数的矛盾，因为有些无理数可以用作图的方法，来把它们表示出来。第3篇讨论圆的性质，如弦、切线、割线、圆心角等。第4篇讨论圆的内接和外接图形。第5篇是比例论。这一篇对以后数学发展史有重大关系。第6篇讲的是相似形。其中有一个命题是：直角三角形斜边上的矩形，其面积等于两直角边上的两个与这相似的矩形面积之和。读者不妨一试。第7—9篇是数论，即讲述整数和整数之比的性质。第10篇是对无理数进行分类。第11—13篇讲的是立体几何。全部13篇共包含有467个命题。《几何原本》的出现，说明人类在几何学方面已经达到了科学状态，在经验和直觉的基础上建立了科学的逻辑和理论。在每一卷内容当中，欧几里得都采用了与前人完全不同的叙述方式，即先提出公理、公设和定义，然后再由简到繁地证明它们。他由浅到深，从简至繁，循序渐进，先后论述了直边形、圆、比例论、相似形、数、立体几何以及穷竭法等内容。其中有关穷竭法的讨论，成为近代微积分思想的来源。直到今天，他所创作的《几何原本》仍然是世界各国学校里的必修课，从小学到初中、大学，再到现代高等学科都有他所创作的定律、理论和公式应用。

欧几里得建立起来的几何学体系既严谨又完整，就连20世纪最杰出的大科学家爱因斯坦也对他赞佩不已。爱因斯坦曾公开赞扬欧几里得的《几何原本》：“一个人当他最初接触欧几里得几何学时，如果不曾为它的明晰性和可靠性所感动，那么他是不会成为一个科学家的。”

说起数学之父的称号，还有一位数学家不可不提，他就是勒内·笛卡尔（公元1596年3月31日—1650年2月11日），生于法国安德尔-卢瓦尔省的图赖讷拉海，逝世于瑞典斯德哥尔摩，是法国著名的哲学家、数学家、物理学家。他是西方近代哲学奠基人之一，更被称为解析几何之父。

笛卡尔对数学最重要的贡献是创立了解析几何。在笛卡尔时代，由于欧几里得对几何学的巨大贡献，几何学的思维在数学家的头脑中完全占有统治地位。当时，代数还是一个新生事物，属于比较新的学科，代数和几何几乎就是风马牛不相及的两门学科。人们对代数这门新学科不甚了解，看不到代数的作用。笛卡尔却从中看到了它们的微妙关系，他觉得传统的几何过分依赖图形和形式演绎，而代数又过分受法则和公式的限制，这一切都制约了数学的发展。

当时，笛卡尔还在部队里服役，有一天，年轻的军官突发奇想，能不能找到一种方法，架起沟通代数与几何的桥梁呢？这个问题苦苦折磨着他。从那以后，热爱数学的他常常花费大量的时间着了魔似的去思考它。

一天，笛卡尔躺在床上，仍在苦苦思索着这个难解的问题，他似乎觉得自己走进了一个看似有希望却无解的死胡同。怎么办呢？这时他无意中看到天花板上有一只小小的蜘蛛从墙角慢慢地爬过来，不停地吐丝结网。无聊的笛卡尔下意识地开动了数学家的思维，开始计算起蜘蛛走过的路程。他是怎么算的呢？他先把蜘蛛看成

一个点，两面的墙看作是直线，那么这个点离墙角有多远呢？离墙的两边有多远呢？他思考着，计算着，不知不觉笛卡尔进入了梦乡。梦中的笛卡尔还在思考着，他好像看到了什么，忽然茅塞顿开：要是知道蜘蛛和两墙之间的距离关系，不就能确定蜘蛛的位置吗？确定了位置后，自然就能算出蜘蛛走的距离了。醒来的笛卡尔细细想着，越想越觉得有道理，于是，他郑重地写下了一个定理：在互相垂直的两条直线下，一个点可以用到这两条直线的距离，也就是两个数来表示，这个点的位置就被确定了。也许现在的人一看到这里就会说：“那不就是坐标图吗？很简单呀！”可是，你知道吗？这在当时却是一个了不起的发现，原本相互独立的代数与几何第一次用数形结合的方式联系起来了。它使几何概念可用数来表示，几何图形也可以用代数形式来表示。这给解析几何学诞生指出了一条光明大道，众多数学家沿着这条道路前进，不懈努力，最终解析几何学建立起来了。

笛卡尔对数学发展的功劳不仅在于提出了解析几何学的主要思想方法，他还指明了解析几何的发展方向。1637年，笛卡尔发表了巨作《方法论》。这本专门研究与讨论西方治学方法的书，提供了许多正确的见解与良好的建议，对于后来的西方学术发展，有很大的贡献。

笛卡尔后来又写了一本著作名叫《几何》，他在书中阐述了自己的新的数学理念，指出解析几何的新方法。他将逻辑、几何、代数方法结合起来，通过讨论作图问题，让数和形完美结合到了一起，可以相互证明。他在代数学中引入了坐标系以及线段的运算概念，在代数和几何上架起了一座桥梁，将几何图形“转译”成代数方程式，从而将几何问题以代数方法求解，于是代数和几何就这样完美融合。这就是今日的“解析几何”或称“座标几何”。笛卡尔建立的解析几何直到现在仍是重要的数学方法之一。此外，现在使用的许多数学符号都是笛卡尔最先使用的，这包括了已知数a、b、c以及未知数x、y、z等，还有指数的表示方法。他还发现了凸多面体边、顶点、面之间的关系，后人称为欧拉-笛卡尔公式。还有微积分中常见的笛卡尔叶形线也是他发现的。他的这一成就也为微积分的创立奠定了基础，而微积分又是现代数学的重要基石。由此可见，人们尊称笛卡尔为“解析几何之父”是名副其实。

第九章 敢于挑战权威的勇士

在黑暗的中世纪末期，教会的力量一手遮天。但勇敢的哥白尼坚持“日心说”，撕破了那片黑暗的天空，伽利略则在谬论和科学的战斗中坚守科学真理。

你知道史蒂芬·霍金吗？他是英国著名的物理学家和宇宙学家，他曾说：“自然科学的诞生要归功于伽利略，他这方面的功劳大概无人能及。”的确，自从意大利物理学家、天文学家和哲学家伽利略将定量分析引入物理学，近代物理有了突飞猛进的变化。近代物理学家爱因斯坦也认为是伽利略开创了近现代物理学的研究方法。在伽利略之前的几千年里，人们已经享受着泰勒斯、阿基米德等科学巨匠的创造成果，但人们对科学没有非常明确的概念，他们笃信的是统治了整个西方的教会和传说中的亚里士多德。在中世纪，亚里士多德的学说一度被教会宣传尊为圣贤书，他说的话就是教会信奉的真理，绝对不容置疑和更改。但是人们完全忽略了一点，那就是如果亚里士多德活着的话恐怕也不愿自己创造的言论被这样僵化地继承和执行，更别说亚里士多德崇尚的自由科学精神了。

在那个崇尚神权的时代，教会的力量遮天蔽日，统治了人们的思想和行为。那个时代的人们遇到什么问题都是去教堂请教教会神职人员，一切都以神的教义和亚里士多德的理论做答案，甚至僵化到绝对不可以超出这个范围，否则就违背了神的旨意，自然会得到神的严厉惩罚。布鲁诺、哥白尼都是对抗教会神权的牺牲者，伽利略也不幸承受过教会的“亲切关怀”。

伽利略·伽利雷（公元 1564—1642 年），生于意大利的比萨城，那里有著名的比萨斜塔。他来到人世时，他的父亲已经破产，成为落魄的音乐家。他的家庭穷困潦倒，但曾为贵族的父亲把一切希望寄托在幼小的伽利略身上，竭力供他上教会学校读书，给他提供更好的学习环境，希望伽利略能为这个曾经显赫的家族再次带来荣耀。幼时的伽利略是个聪明的孩子，受贵族父亲的影响，从小对音乐、诗歌、绘画以及机械兴趣极浓，也像他父亲一样，不迷信权威。小孩子都是最喜欢观察、喜欢提问、喜欢幻想的，充满好奇的小心灵里常常有着无数个为什么在飞旋。这

些问题可能是天马行空，毫无逻辑，常常把爸爸妈妈甚至老师问得目瞪口呆。

为了让伽利略更好地求学，1574 年，伽利略全家迁往意大利东部的大城市佛罗伦萨。伽利略家境落魄，父亲希望伽利略学医，以尽早帮助家庭。17 岁那一年，伽利略遵父愿，考进了著名的比萨大学。在大学里，伽利略不仅努力学习，而且喜欢向老师提出问题。哪怕是人们司空见惯、习以为常的一些现象，他也要打破砂锅问到底，弄个一清二楚，也由此得罪了一些传统的教授。

因为神权的宣传和控制，伽利略一开始也是对亚里士多德的说法深信不疑，但

是随着知识的增多，加上伽利略自己的好问好思，渐渐地他开始对自己的老前辈产生了疑问。亚里士多德曾说：人身体里有四种不同的液体：血液、黏液、胆汁和黑液。这四种液体如果比例适当，人就会健康快乐；如果不健康，肯定是某种液体多了，就要把多余的液体放出来。可人身上究竟有多少液体，放多少才算合适，书里并没有解释。伽利略在医学院读书时每次读到这里就会产生疑问，他觉得这不够准确，人体如此复杂，也不仅只由液体构成，如果想治好病，必须要更精确地了解人体里的各种情况。于是当一位著名的医学教授上课的时候，伽利略向他提出能否通过直接接触病人来了解病人真实情况的请求。医学教授简直惊呆了，从来没有人敢质疑他的话，更别说这是伟大的亚里士多德的真理了。教授劈头盖脸给伽利略一顿臭骂："什么？从来也没有一个学生提出过这样的问题！你是学生，学生的任务就是学习，就是把我教给你们的统统背诵下来！赶快丢掉你那些可怕的念头，否则你永远都不会成为一名医生！"伽利略也被骂呆住了，从那以后他每天都沉默地听着教授滔滔不绝地讲授着人体各种器官的名称，至于这些器官是怎么工作的，教授却从未讲过。其他学生也都认为这是理所当然的，只有伽利略不停地思考着。

终于有一天伽利略忍不住了，他对教授说："您讲的都很对，不过您讲的都是从亚里士多德那里得来的，万一亚里士多德也错了呢？"这下教授可快气疯了，直接把伽利略赶出教室！别的同学都劝伽利略向教授认个错，以后不要提那些胡思乱想的问题了，可伽利略还是我行我素。他总觉得在真理面前人人平等。

由于伽利略不同寻常的勤奋和善于观察思考，他逐渐发现了生活中一些常见但又不同寻常的现象。有一次，他去教堂里做礼拜，礼拜结束，人们都走了，伽利略却站在比萨的天主教堂里，右手按左手的脉搏，眼睛盯着天花板，身体一动也不动。有人奇怪地问他，他只是笑笑，却不做解释。他究竟在干什么呢？原来，他在观测天花板上来回摇摆的吊灯。他很久以前做礼拜时就发现，这教堂里的吊灯经常会由于风吹的缘故发生规律性的摆动，经过他有意识的观测，他断定虽然这种摆动是越来越弱，以至每一次摆动的距离渐渐缩短，但是，灯每一次摇摆需要的时间却是一样的。于是，伽利略回到实验室做了一个实验，他找来一个适当长度的摆锤，测量了脉搏的速度和均匀度。通过这个实验，他惊喜地找到了摆的规律。根据他发现的这个规律，人们制造出来那种古老的有钟摆的时钟，用以计量时间。他还观察到钟摆的最低点时间与绳长有关，与重量却似乎无关。为了追根究底，他还私下里

做了许多实验，结果都证实自己观察到的是对的。

由于家庭生活的贫困和自己喜爱争论的特性，伽利略不得不提前离开了比萨大学。失学后，伽利略回到佛罗伦萨教书，以维持家计。伽利略无比喜爱数学，他仍旧在家里刻苦钻研数学。由于他的不断努力和他的卓越天分，很快他就在数学的研究中取得了优异的成绩。当时，21 岁的伽利略已经名传四方，他发现了摆的规律，制造出来钟表；他发明了比重秤，还写出了一篇比较重要的论文，题目为《固体的重心》。当时，人们对他的赞誉铺天盖地而来，称他为“当代的阿基米德”。在他 25 岁那年，比萨大学破例聘他当了数学教授。

早在石器时代前，人们就观察到各种奇异的自然现象，积累着经验，尝试着理解这个奇妙而神秘的世界，人们探索着，逐渐理解了春夏秋冬的更替，了解了物质的性质是什么，等等。对当时的人们来说，宇宙的性质是一个谜：星空究竟是怎么回事？地球、太阳以及月亮这些星体是按照什么规律在运动？人们提出了各种理论试图解释这个世界，然而其中的大多数都是错误的。这些早期的理论在今天看来更像是一些哲学理论，它们不像今天的理论通常需要被有系统的实验证明。像托勒密（Ptolemy）和亚里士多德提出的理论，其中有些与我们日常所观察到的事实是不相符的。比如，托勒密认为宇宙的中心是地球，地球是个不动的球体，日、月、行星和恒星都是围绕地球运动。托勒密还定义了恒星，说它远离地球，位于太空这个巨型球体之外。然而，这些当年人们深信不疑的结论，经过后人的科学观测，证实都是不确实的。

说到这里有两个人不可不提，他们就是哥白尼和托勒密。为什么要提起这两个人呢？他们都是天文学家，都对地球和太阳的运转提出了自己的学说。先说古希腊的大天文学家托勒密，在公元 2 世纪时，总结了前人在 400 年间观测的成果，写成《天文集》（《至大论》）一书，提出“地球是宇宙中心”的学说，也就是“地心说”。这个学说一直为人们所接受，一共流传了 1400 多年，可谓是影响深远。

托勒密认为，地球静止不动地坐镇宇宙的中心，所有的天体都围绕地球运转。他把环绕地球的圆轮叫作“均轮”，把其中较小的圆轮叫作“本轮”。为了解释运转时快时慢的现象，他又增加一些辅助的“本轮”，还采用了“虚轮”的说法，这样就可以解释是什么使“本轮”中心运转做着不均衡的运动，而从“虚轮”的中心看来运转又仿佛是“均衡”的。这种推测在当时应该是很精妙的解释，但是经后人精测，这种解释偏离了实际。但当时，托勒密的“地心说”和当时神学家的宇宙观却不谋而合，因此被当作正统流传千年。

对托勒密的这种观点，波兰天文学家、数学家、教会法博士、神父哥白尼首先提出了质疑。尼古拉 · 哥白尼（公元 1473 年 2 月 19 日—1543 年 5 月 24 日），是文艺复兴时期的一位巨人。哥白尼其实并不是一位职业天文学家，他的成名巨著是在业余时间完成的。他曾十分勤奋地钻研过亚里士多德和托勒密的著作。他还自己建立了一个小实验室，观察天体运行情况。经过多年的观测，这时，他已经看出了托勒密的错误结论和科学方法之间的矛盾。哥白尼发现唯独太阳的周年变化不明显，

这意味着地球和太阳的距离始终没有改变。如果地球不是宇宙的中心，那么宇宙的中心就是太阳。他立刻想到如果把太阳放在宇宙的中心位置，那么地球就该绕着太阳运行。观察研究了 20 年后，在哥白尼 40 岁时，他终于一反之前托勒密为代表的地心说，提出了日心说。这在当时可是引起了轩然大波。迫于教会的压力，他不能直接发表自己的研究成果，但他勇敢地把自己的研究结论和想法写成小书散发给朋友们看。他宣布："所有的天体都围绕着太阳运转，太阳附近就是宇宙中心的所在。地球也和别的行星一样绕着圆周运转。它一昼夜绕地轴自转一周，一年绕太阳公转一周……"

这种说法让当时的教会很愤怒。要知道，当时欧洲是"政教合一"，罗马教廷控制了许多国家，《圣经》被宣布为至高无上的真理，凡是违背《圣经》的学说，都被斥为"异端邪说"；凡是反对神权统治的人，全都被处以火刑，最著名的例子就是意大利思想家布鲁诺，为了维护日心说，被教会处以火刑，活活烧死。对于地心说，当时人们真是谈虎色变。

但笃信基督教的哥白尼却坚持自己的观测和研究成果，当时罗马天主教廷认为他的日心说违反《圣经》，对他进行了严厉的惩罚。但哥白尼仍坚信日心说，并认为日心说与《圣经》并无矛盾，他克服了极大的压力和困难，经过长年的观察和计算完成了他的伟大著作《天体运行论》。他的观测计算所得数值的精确度是惊人的。例如，他得到恒星年的时间为 365 天 6 小时 9 分 40 秒，精确值约多 30 秒，误差只有百万分之一；他得到的月亮到地球的平均距离是地球半径的 60.30 倍，和 60.27 倍相比，误差只有万分之五。这本书彻底否定了教会的权威，给迷信权威和教会的人敲响了一记警钟，也改变了人类对自然、对自身的看法。他让人们认识到，天文学的发展道路要靠实践和研究说话，不应该循规蹈矩、因循守旧，继续像修墙一样“修补”托勒密的旧学说，而是要打破旧的观念，发现宇宙结构的新学说。他打过

一个比方：那些站在托勒密立场上的学者，从事个别的、孤立的观测，拼凑些大小重叠的“本轮”来解释宇宙的现象，就好像有人东找西寻地捡来四肢和头颅，把它们描绘下来，结果并不像人，却像个怪物。但他也并不是完全否定前人的思想，他曾说过：“应该把自己的箭射向托勒密的同一个方向，只是弓和箭的质料要和他完全两样。”

1533 年，60 岁的哥白尼在罗马做了一系列的演讲。也许是因为年纪大了变得胆怯，也许是因为受到教会的威胁，临近古稀之年的哥白尼才终于决定将它出版。但让人欣慰的是，1543 年 5 月 24 日哥白尼去世的那一天，他终于收到一部出版商寄来的他写的书，看着自己的心血之作，哥白尼含笑长逝。

哥白尼之后，只有伽利略在哥白尼的基础上宣传和论证了日心说。

第十章
变革的时代，探险者的天堂

在遥远的古代，一枚小小的指南针给了航海家探索的勇气；一本也许是作者信手写下的《马可波罗游记》像一把神奇的钥匙，给欧洲人打开了一扇神秘的东方之门，那些闪闪发光的黄金珠宝和东方美女吸引了无数野心勃勃的西方探险者，哥伦布就是其中运气最好的一个，虽然没有来到传说中遍地财宝的东方，但他却误打误撞地发现了新大陆。从此，轰轰作响的蒸汽机船开进了原本宁静的东方。

亚里士多德的理论整整统治了欧洲几千年，为什么在重重压力之下还能诞生哥白尼、布鲁诺、伽利略这样的科学巨匠呢？这是因为15世纪和16世纪的欧洲，正是从封建社会向资本主义社会转变的关键时期，在这一二百年间，社会发生了巨大的变化，政治、经济都面临着更新迭代的变革。俗话说，天下大事，合久必分，分久必合。以前那些四分五裂的小城邦联合起来组成了一些国家，在15世纪以当时的欧洲为标准的话，英格兰、苏格兰、西班牙、葡萄牙，这四国完成了统一大业。当时的新兴城市伴随人群的密集度越来越大，城市工商业应运而生，且极速兴起，特别是采矿业和冶金业的发展，推动了城市的建设和经济大幅度进步，也因此涌现了许多新兴的大城市。法国除了加莱被英格兰占领之外，也基本上算统一了。荷兰建立了第一个资产阶级国家。英国、法国的资产阶级革命也在这个时期产生。欧洲国家林立，政治和经济发展迅速，各种创新和革命风起云涌。

这个时期，欧洲涌现出了许多著名的航海家，有哥伦布、达伽马、卡布拉尔、迪亚士、德莱昂、麦哲伦等。同时，欧洲的船队像饥饿的秃鹰出现在世界各处的海洋上，寻找着新的贸易路线和贸易伙伴，发现了许多当时在欧洲不为人知的国家与地区。

我们常常在文章中看到这样一句话“像哥伦布发现了新大陆”，作者常借这句话表达某项重大发现。所谓的新大陆即美洲大陆，其实是于15世纪末发现美洲大陆及邻近的群岛后对这片新土地的称呼。在发现新大陆前，美洲大陆对欧洲人来讲是陌生的，他们普遍认为整个世界只有欧、亚、非三个大洲而没有其他大陆的存在。

发现新大陆的是克里斯托弗·哥伦布（公元1451年秋天—1506年5月20日），当年，哥伦布因发现了美洲大陆而闻名欧洲大陆，这一发现也成为重磅新闻轰动一时，灼热了不知多少航海家的心。哥伦布是意大利著名探险家、殖民者、航海家，出生日期不详，只知道是1451年秋天出生在热那亚（Genoa）的一个普通的犹太裔工人家庭，家境贫寒，因此哥伦布在儿童、少年时代没有受过什么正规教育，从小就要打零工和帮父亲干活赚钱。但犹太人最著名的一个特点在哥伦布身上极度体现了出来，那就是无论在什么情况下都能很好地为自己谋划取得最大的利益，也敢于冒别人不敢冒的险。哥伦布还有个优点，就是善于学习。当时的欧洲还远非文明世界的中心，欧洲人对亚洲的了解只是来源于《马可波罗游记》。书中对神

秘的东方国度的财富充满赞叹，那传说中如山堆积的金块、香料、丝绸在大西洋沿岸的航海家们的脑海中闪闪发光，吸引着他们急切地向前航行。他们有着旺盛的精力，也充满对名声、财富、权力和荣耀的渴望。哥伦布就是其中最有野心的一个。

年轻时候的哥伦布由于受家境影响虽然没受过正规教育，但他运气好，一个偶然的机会让他摆脱了以前的小工和小贩的生活，跟随航海者到了葡萄牙。葡萄牙和里斯本当时是欧洲航海事业的最主要国度和中心，充斥着各种投机主义者和冒险家，各种梦想和希望在这里汇集。在这里，他的犹太人气质得到了发挥，他开始接触上流社会；在这里，他拼命学习关于航海的知识，获得了远洋航行的技术和经验，学到了许多天文、地理、水文、气象知识，掌握了观测、计算、制图的学问。善于经营的哥伦布还和在里斯本从事地图、海图绘制的弟弟巴托罗缨合伙开了一个地图、海图制售店，获得不菲利润，为后面的探险之旅筹集资金。从跟随他人航海到独立策划和筹备重大的远航探险，哥伦布的进步飞速。这些都为他后来组织指挥远航准备了良好的知识条件。哥伦布此时已经是一个有着丰富经验的航海者，已经由一个终日营营于一时温饱的小工一跃转变为航海家和探险家。他非常崇拜马可波罗，他最大的梦想就是希望有一天也能像马可波罗那样来到神秘富饶的东方，获得数不清的财宝。他对《马可波罗游记》百读不厌，简直能够倒背如流。他非常向往印度和中国，他相信马可波罗说的都是真的，也始终相信地球是圆的。正是这样的信念支持着他不辞辛苦、不惧艰险坚持探寻东方之旅。

自从《马可波罗游记》问世，点燃了很多航海家驾船去神秘东方探险寻宝的念头，但文艺复兴以来，只有哥伦布身体力行把西航设想付诸实践。其实不是其他航海家没有行动，而是远航东方的困难实在太大太多。首先需要巨额资金，还需要大量人力物力，甚至还有船只、武器等，其中的复杂艰辛实在非一般人能解决，所以大部分人也只能想想就罢了。可是哥伦布不一样，他自小的艰辛经历造就了他坚韧不拔的精神，在他的字典里没有不行这个词。再说，还有远方那金灿灿的财富在诱惑着他，哥伦布决定无论如何都要西去探险，这成了哥伦布的一个坚定的信念，这个信念后来也成就了哥伦布在世界航海史上无与伦比的地位。

远航探险耗资巨大，单靠个人的力量肯定不行，哥伦布决定争取政府的支持和上层人士的资助。由于哥伦布当时侨居葡萄牙，葡萄牙又是西欧当时航海探险的中心，哥伦布自然首先向葡萄牙政府提出西航建议和计划，时间分别是1483年下半年和1488年，自然都没有被接纳。

可是哥伦布怎能罢休？1484年，哥伦布向葡萄牙国王提出向西航行到达印度，理由是根据马可波罗的记述，那里应该有大量的黄金，但被拒绝。于是他转向求助西班牙皇室（其中他有向法国游说，

但没有结果），西班牙女王伊莎贝拉是个有远见的君主，1486 年，为了讨论哥伦布的建议，伊莎贝拉成立了特别委员会，专门研究哥伦布的西航建议。虽然伊莎贝拉给了哥伦布两次机会重提此事，但由于哥伦布实在缺乏相关地圆说的理论根据，无法说服那些大臣。1489 年，特别委员会在拖了三年多后，先后两次否决了哥伦布的提议。在此期间，哥伦布还派他的弟弟到英国寻求支持，但英王亨利三世表示没什么兴趣。处处碰壁，坚韧如哥伦布也有些绝望。但是天无绝人之路，当时西班牙正处于变革时期，女王野心勃勃非常期望带领西班牙的臣民们崛起，超越当时领先的葡萄牙。女王伊莎贝拉对哥伦布的提议很动心，也有感于哥伦布的执着，她铁腕执政，愿意冒这个险以获得巨大的回报，她愿意相信哥伦布许诺的大量黄金，将会助她建立一个前所未有的强大的王朝。于是重新成立特别委员会，重新讨论哥伦布的西行提议，女王力排众议，力挺哥伦布的计划，虽然国王的政务委员因为哥伦布的要价过高，仍旧持反对意见，但新的特别委员会为了迎合伊莎贝拉，批准了哥伦布的要求。于是，哥伦布穿着女王御赐的新衣服，骑着新买的骡子，欢欢喜喜进宫重谈此事。

1492年4月，在西王室的财政顾问、大商人桑塔赫尔的帮助下，哥伦布最终与西班牙签订了著名的《圣塔菲协定》。协议共有七个主要文件，一是协议要项；二是委任授衔状；三是致外国君主的国书；四是护照；还有三份是关于准备探险船队的命令。哥伦布不愧是犹太人，他给王室开出的条件是：1. 王室需向哥伦布提供一切航行费用；2. 封哥伦布“唐”的贵族头衔和远征军司令称号；3. 封哥伦布为将发现土地的副王和总督；4. 凡在新发现土地上所获利润的10%（免税）归哥伦布所有，对所有开往新占领地的船只有权入股1/8；5. 哥伦布的子孙后代永世享受继承哥伦布的爵位、职务和权利。这个协定一出，轰动了全国。但是大部分的人都不相信地圆说的理论，更不相信哥伦布能够找到传说中的新航线，能够带回中国和印度的黄金。

1492年8月3日早晨，阳光洒满海面，哥伦布和他的90名船员，带着国王颁发的给印度和中国皇帝的国书，怀着壮士断腕的决心驶离西班牙。

哥伦布首次远航共筹备了三条船，哥伦布被女王封为远征司令，是探险队的总指挥，坐镇旗舰圣玛丽亚号。有着丰富经验的哥伦布对这次远行怀着必胜的信心，在女王的支持下，做好了充分准备，探险队里不但配备翻译、医生、地图绘制员等专业技术人员，甚至还配备了懂希伯来语、阿拉伯语的专业人士。每艘船舰载重约120吨，都是配置精良的最好的船。据说共投资约200万马拉维迪。船上配备有火炮长枪、弓箭弹药等新式武器，足见哥伦布的野心。船上还备足了食品、淡水、酒类、药品、灯具、燃料、帆缆索具等航行用具和物资。哥伦布还让船员们带上西班牙特有的玻璃珠、小镜子、花帽子、铜铃、衬衫、饰针、针线、花布、小刀、眼镜、石球、铅球等百货，以备到了新的地方用于交换。就这样，哥伦布的首次西航开始了。

由于当时人们对于地圆说还不能够理解，不愿意去东方探险，为了招募到足够的船员，哥伦布没有和船员们宣布自己的真实行程，大部分船员都蒙在鼓里，还以为这次航程不会很久。哥伦布率领船队先向南偏西航行，出发后一个月之内都是顺风顺水，航程虽然单调却没有风险，船员们还算安心。但是一直向西行驶，却不见陆地，一些有经验的水手开始觉察到航线有问题，顿时人心大乱。其实从9月9日起，即从不见陆地的第一天起，哥伦布就已经开始隐瞒真实航速和航程，悄悄调偏了航线，少报已走过的路程，以预防船员因航程过长、离开陆地过远而惊慌。但这一天还是到来了。

1492 年 9 月 13 日，一个水手突然发现罗盘磁针向西偏移，顿时船员们涌向甲板，多时不见陆地的焦躁爆发了，大家怒问哥伦布，一场哗变即将产生。但老练的哥伦布没有慌张，而是以自己惯有的镇定和聪明才智处理了这个意外情况。他先是说因北极星移动所致，而非磁针失灵，并马上试验进一步“验证”。哥伦布还给船员们许下了承诺，他的解释和有效处置安定了大家的情绪，一场危机就此解除，哥伦布也趁热打铁确立了自己在船员中的威望。本来是为了安抚船员，但哥伦布误打误撞地还初步发现了磁差测量了磁偏角，即地磁南北极与地理南北极之间的偏差，地磁子午线与地理子午线之间的夹角。哥伦布的这个发现和解释对后来的航海家、人文学家、地理学家和物理学家都有启发和帮助。就这样船队一直在无边无际的海洋中向西航行，途中多次遇到险情和船员的质疑，但哥伦布都能以丰富的经验和过人的胆识一一解决，任凭什么困难也无法阻止他西进的决心。

1492 年 10 月 12 日，是世界航海历史上重要的一天。这天上午，一个船员忽然看见前方出现了阴影，这是一座长约 13 英里最宽处约 6 英里的珊瑚岛。看到这座岛，已经 30 多天没有踏过陆地的船员们欣喜若狂。这是哥伦布登上西半球的第一块陆地——当地印第安人称为瓜纳哈尼岛，哥伦布为之命名为圣萨尔瓦多，意即神圣的救世主。这座岛就是后来 17 世纪时英国海盗华特林出没的华特林岛。哥伦布成为这座岛的岛主后，才发现这里根本就没有黄金和宝石，没有传说中的财富，但他以为已经到了亚洲的东部边缘，到了他所称的泛印度或大印度，便把这一带称为西印度群岛，把当地居民称为印度人。哥伦布饱含着希望认为圣萨尔瓦多是日本群岛的外围岛屿。他们在岛上交易、休整了两天，然后继续西行，希望找到传说中的财富之地。

可现实无情地打击了哥伦布，接下来的西行航程虽然发现了很多岛屿，也占领了不少地方，但是这些地方既没有发现黄金珠宝，也没有找到它是文明、富庶的日本、中国、印度的迹象。苦闷中，许多船员学会了吸当地人喜爱的烟草，并把烟草和抽烟嗜好流传了下去，从那以后，所谓的植物黄金——烟草便很快风靡各地。

1493 年 1 月 16 日，船队向东行驶到今多米尼加东北部的萨马纳角，最后离开海地岛萨马纳湾，开始返航，重新横渡大西洋。一路上他们一直被风暴纠缠，被迫驶向葡萄牙，整修后回到出发港帕洛斯。至此，人类历史上空前的 224 天的远航探险最终结束。哥伦布给欧洲带回了在西方大西洋彼岸发现陆地和居民的轰动消息，成为当时地理大发现的第一条重要新闻，并通过几十种语言的翻译迅速传遍整个欧洲，哥伦布迅速成为人人皆知的出名人物，第一次航行虽然没有得到传说中的金银财宝，但却给了欧洲人莫大的新的希望。

之后，哥伦布怀着心中的财富梦又带领船队多次登上了美洲的许多海岸。但遗憾的是，直到 1506 年逝世，他一直没有到达马可波罗笔下的东方，反倒是他自己一直认为他到达的就是印度。后来，哥伦布在忧郁中过世。过了一年多，一个叫阿美利哥 · 维斯普西（Americ Vespvck）的意大利学者，经过更多的考察，才知道哥伦布到达的这些地方不是印度，而是一个原来不为欧洲人知道的崭新的大陆，因此后人也称之为新大陆或者阿美利加洲（America 美洲）大陆。哥伦布的发现成为美洲大陆开发的新开端，人们至此才真正了解了地圆说的意义，才知道世界上还有很多未知的世界，从此欧洲人不仅有了两个可以定居的大陆，还掌握了海洋上的主要航线，成就了海上霸业。随着欧洲居民人数不断扩大，不断吸取新的生命力，不断把目光投向远方，再加上新大陆提供的大量的矿藏资源和原材料，欧洲许多地方城市和国家如雨后春笋般出现，欧洲市场迅速扩大，发展到世界范围，流通商品种类越来越多，从那以后欧洲开始在科技、经济、文化艺术等方面迅速崛起，形成一种领先世界的全新的工业文明。可以说哥伦布发现新大陆为欧洲走出中世纪的黑暗作出了巨大贡献，为以后欧洲成为世界经济发展的主流开创了一个良好的开端。

哥伦布发现新大陆成为人类历史上一个重大的转折点，这是欧洲的骄傲，但凡事有利必有弊，哥伦布带领远征军踏上美洲大陆，他们在新大陆上的表现可以说是野蛮、黑暗的，他们贪婪凶狠地欺辱淳朴的土著居民、倒卖黑奴赚取金币，哥伦布的首次远航为西欧国家向新大陆扩张、侵略、征服铺平了道路，打开了门户。西班

牙、西欧国家旋即向美洲大举侵略、扩张，西班牙很快成了第一个日不落的殖民帝国。美洲印第安人开始陷入殖民地的苦难深渊和被屠杀的血泊之中，甚至后来直接导致了美国印第安人文明的毁灭，这也是人类历史上的一个污点。

第十一章
群星闪耀的时代

晴朗的夜晚仰望星空，你会看到那些耀眼的明星是那么璀璨，那么引人注目。你知道吗？在人类发展史上也曾有过这么一个群星璀璨的阶段，那时科学和艺术并立，古老的观念和新兴事物碰撞、融合，新旧更迭，轰轰烈烈，那就是14至16世纪一个传奇的时代，那就是著名的欧洲文艺复兴运动。

晴朗的夜晚仰望星空，你会看到那些耀眼的明星是那么璀璨，那么引人注目。可是你知道吗？在人类发展史上也曾有过这么一个群星璀璨的阶段，那时科学和艺术并立，古老的观念和新兴事物碰撞、融合，新旧更迭，轰轰烈烈，那就是 14 至 16 世纪一个传奇的时代，那就是著名的欧洲文艺复兴运动。现在普遍认为文艺复兴发端于 14 世纪的意大利，因为文艺复兴一词本身就源于意大利语 Rinascimento，意为再生或复兴。后来扩展到西欧各国，在 16 世纪达到鼎盛。文艺复兴揭开了现代欧洲历史的序幕，被认为是中古时代和近代的分界。可以说文艺复兴既是在欧洲兴起的一场绝无仅有的轰轰烈烈的思想文化运动，同时它也带来了科学与艺术的大革命，使得那个时代的科学和艺术的变革风起云涌，投身科学和艺术的人才济济如星。

有这样一种说法，说是黑死病成就了欧洲的文艺复兴。事实上，在中世纪，原本教会统治着欧洲，欧洲各国的统治都掌握在教堂（教皇）手上，到处笼罩着一片压抑的封建的气息，教皇和他的手下神父们通过万能的上帝，给人们洗脑，向人们灌输那些落后、愚昧的束缚性的思想，甚至疯狂镇压那些所谓的异端分子，禁止人们有新思想，以利于自己的统治。1327 年，意大利天文学家采科·达斯科里因发现并论证了“地球呈球状，在另一个半球上也有人类存在”，被教会活活烧死，他的“罪名”就是违背《圣经》的教义。文艺复兴时代的自然科学家、西班牙医生塞尔维特（公元 1511—1553 年）秘密出版了《基督教的复兴》一书，用一元论的观点阐述了有关肺循环的看法。被天主教徒与基督教徒视为异端邪说，于 1553 年在日内瓦被烧死在火刑柱上。他的所有著作也同他一起上了火刑场，通通被烧毁。

到 13 世纪中期，随着十字军东征

归来，带来了一种非常可怕的死亡率高达 100% 的传染病，染病者全身肿胀变黑，七窍流血而死，死状惨烈恐怖。黑死病传播迅速，大肆袭击欧洲各个国家，当时的欧洲十室九空，街头巷尾，到处是染疫的死尸，人们开始时寄希望于高高在上的神灵，但是连教会的神职人员也束手无策，接连不断仓皇出逃。这场厉疫现在看来其实就是几只老鼠惹的祸，黑死病又称“鼠疫”，是感染鼠疫的啮齿动物（如鼠类）由跳蚤叮咬传染给人的，但引起鼠疫的鼠疫杆菌直到 1894 年才被发现，这个经由鼠类、蚤类传染的途径也一直到 1898 年才为众人所知。

这场浩劫导致当时的欧洲大约有 2500 万人死亡，欧洲由此失去了约三分之一的人口，给当时欧洲的政治、经济以重创，既严重打击了欧洲传统的政教统一的社会结构，也大大削弱了教会的势力。经历了浩劫，向来掌控全盘的教会力量不再深入

人心，人们不再像以前那样无条件地信奉遵从教会的号召，反而出现了很多质疑的声音。被压抑几千年的人性开始追求自由和革新。可以说，经历了黑死病是欧洲的不幸，但幸运的是欧洲文明从此走上了另外一条不同的更加光明的发展道路，原来神权独裁的政治形势逐渐转变，看起来非常艰难的社会转型因为黑死病而突然变得顺畅了。同时新兴科学技术开始萌芽发展，也促使天主教会的专制地位被打破，对文艺复兴、宗教改革乃至启蒙运动产生重要影响，从而彻底改变了欧洲文明发展的方向。

最明显的例子就是人们由信奉地心说逐渐改为信奉日心说。原本一千多年来，人们一直相信托勒密（Ptolemy）的地心学说，托勒密是罗马帝国统治下的著名的天文学家、地理学家、占星学家和光学家。他认为地球是宇宙的中心，日升月落都是围绕地球的。他的观点在中世纪一度被尊为天文学的标杆，在教会的支持下，无人敢于质疑。意大利早期文艺复兴的诗人但丁在《神曲》一书的“天堂篇”中，就用托勒密的地心说对天堂进行了生动的描述：在一位他早期暗恋过的美丽少女的引导下，诗人升上天空，游览了神奇的诸天，最后在原动天（水晶天）上见到了他倾慕崇拜的上帝，上帝给了他微笑，诗人顿时沉浸在无限的幸福之中。当时人们就是这样对地心说坚信不疑。这个误区一直到 15 世纪哥白尼的日心说著作《天体的革命》发表后才为人知。所谓日心说，也称为地动说，是关于天体运动和地心说相对立的学说，它倡导的理念认为太阳才是宇宙的中心，而不是地球，地球只是太阳的一个卫星，围绕着太阳旋转。日心说还认为地球是球形的，显著的根据就是人们常常看到船只在海面上航行，如果在船桅顶放一个光源，当船驶离海岸时，岸上的人们会看见亮光逐渐降低，直至消失。这可以证明地球是圆球形的。日心说还认为地球不仅是球形，它还在不停地运动，而且每 24 小时自转一周。因为天空比大地大得太多，如果无限大的天穹在旋转而地球不动，实在是不可想象。日心说最厉害的说法还在于它认为太阳是不动的，太阳居于宇宙中心，是宇宙中最大的，地球以及其他行星都一起围绕太阳做圆周运动，只有月亮环绕地球运行。这种说法已经非常接近现代的天文学理论。

哥白尼的学说如来自宇宙的清风拂去了蒙在太阳上的霾，人们才逐渐认识到日心说的合理性。但由于教会的打压，一直到伽利略证明了哥白尼的日心说，人们才能够慢慢接受这种思想，从此欧洲这个大舞台也轰轰烈烈地拉开了文艺复兴的

大幕。

就像一个封闭的蛋壳打开了一扇与外界沟通往来的窗，随着新大陆的发现和日心说的传播，欧洲人逐渐发现自己原有的认知存在各种偏差，于是各种思想接踵产生。随着欧洲的科学和技术不断发展，人们的生活越来越富足，社会结构逐渐转变，教会的控制力越来越不得人心，人们逐渐萌生对艺术文化的追求，并在各种表现形式下隐藏着对教会势力的种种不满和反抗。

文艺复兴运动起源于意大利北部，逐渐蔓延了整个欧洲。在伽利略及克卜勒、牛顿等人的努力下，现代天文学和各种艺术学派如雨后春笋蓬勃发展。

一般认为文艺复兴的第一个代表人物是但丁·阿利基耶里（公元1265—1321年），他被认为是中古时期意大利文艺复兴中最伟大的诗人，也是西方最杰出的诗人之一，最伟大的作家之一。恩格斯评价他说："封建的中世纪的终结和现代资本主义纪元的开端，是以一位大人物为标志的，这位人物就是意大利人但丁，他是中世纪的最后一位诗人，同时又是新时代的最初一位诗人。"

但丁出身于意大利佛罗伦萨一个没落的城市贵族家庭，小时候生活清贫。但他有一位好母亲，供养他接受系统的教育。他极其聪明，长大后从一些有名的朋友那里学会了拉丁语、普罗旺斯语和音乐，并深有研究，受到当时人们的推崇。他曾师从著名学者布鲁内托·拉蒂尼，系统学习拉丁文、修辞学、诗学和古典文学，并对罗马大诗人维吉尔推崇备至。但丁是个情感热烈奔放的人，他热爱祖国，他的作品基本上是以意大利托斯卡纳方言写作的，对形成现代意大利语言以托斯卡纳方言为基础起了相当大的作用，对文艺复兴运动起了先行者的作用。但丁一生遭遇坎坷，不为掌权者所容，主要原因是他不赞同独裁者，努力争取民众的平等和自由，而这与统治者的皇权思想是相悖的，因此，但丁多次遭到流放和驱逐。但丁的希望落空。1315年，佛罗伦萨被军人掌权，当权者想羞辱但丁，宣布如果但丁肯付罚金，并于头上撒灰，颈下挂刀，游街一周就可免罪返国。但丁回信说："这种方法不是我返国的路！要是损害了我但丁的名誉，那么我决不再踏上佛罗伦萨的土地！难道我在别处就不能享受日月星辰的光明吗？难道我不向佛罗伦萨市民卑躬屈膝，我就不能接触宝贵的真理吗？可以确定的是，我不愁没有面包吃！"这和他流传最广的一句话"走自己的路，让别人去说吧！"有异曲同工之妙。这句话表达了但丁的坚定和勇敢，至今常常为人欣赏引用。

但丁的代表作为《神曲》，这部作品是但丁铮铮铁骨的写照。流浪颠簸中的但丁，不知疲倦地学习历史、地理、哲学，也饱尝了人世间的苦难、忧伤和悲愤。他反对统治者为了私利大肆燃起战火，他怀念他心中最美的恋人，他在书中为恋人塑造了一个真善美的化身——比亚德里斯，他决定要用史诗来为比亚德里斯创建一座丰碑，他要在碑上刻满自己的爱和恨，以及对社会的罪和责。他要用这样的办法来告诉人们怎样才能到达快乐和幸福的彼岸。怀着这种信念，但丁一边流浪一边创作，利用余生完成了举世闻名的巨著《神曲》。这几乎跟中国古代伟大诗人屈原完成《离骚》一样悲壮。《神曲》分为《地狱》《炼狱》《天堂》三篇，每篇33曲，加上序曲，正好100曲。全诗以第一人称的形式描述诗人自己在幽暗的森林中醒来之后，迷失了道路，开始了幻游。在遇到豹、狮、狼三头猛兽之后，惊恐万分，这时，但丁最崇拜的古罗马诗人维吉尔前来搭救他。在维吉尔的帮助下，但丁游历了地狱和炼狱。地狱一共九层，上宽下窄，像一个大漏斗，凡是生前做过坏事的人，不管是教皇还是普通人，都会在地狱中受到惩罚。有趣的是，《神曲》中有关地狱的描述与柏拉图在《理想国》中的描述非常相似。炼狱中灵魂的罪孽较轻，它漂浮在海上，共分为七层。历经炼狱之后，维吉尔退去，但丁心中的完美恋人前来迎接他，他进入了天堂乐园。天堂也分为九层，九层之上是人类理想的生活境界，一个充满了爱的地方。但丁在诗中将贪官污吏打入第七层地狱，将教皇打入第八层地狱，由此可见，但丁对教皇和分裂国家的人痛恨至极。迫于教会的压力，他在作品中以含蓄的手法批评和揭露中世纪宗教统治的腐败和愚蠢，他认为古希腊、罗马时代是人性最完善的时代，中世纪将人性压制是违背自然的。《神曲》这部作品袒露了他追求自由和独立的心声。但丁在诗中借维吉尔之口说，自由是一件宝物，值得用生命去换取；人有了自由的意志，才能创造和享受生活；而自由的爱情则是要达到的一种至善至美的境界。这部作品也以犀利的语言、隐喻的手法给了当时的统治者狠狠的打击。

文艺复兴中另外一位巨匠是列奥纳多·达·芬奇（公元1452—1519年），他是意大利文艺复兴时期最负盛名的美术家、雕塑家、建筑家、工程师、科学家、科学巨匠、文艺理论家、大哲学家、诗人、音乐家和发明家。光看这些光辉熠熠的头衔，就可以知道他是绝无仅有的全才，所以他也被称为“文艺复兴时期最完美的代表人物”。达·芬奇生于佛罗伦萨郊区的芬奇镇，卒于法国。他的壁画《最后的晚

餐》、祭坛画《岩间圣母》和肖像画《蒙娜丽莎》是他一生的三大杰作，这三幅作品是达·芬奇为世界艺术宝库留下的珍品中的珍品，是欧洲艺术的拱顶之石。

幼时的达·芬奇就显露了艺术家的独特气质，他喜欢画画，信笔涂鸦的小动物都是惟妙惟肖的。看他有画画的天赋，于是有钱的父亲就把他送到著名画家和雕塑家韦罗基奥的作坊学画画。达·芬奇来到老师的作坊以后，还以为要学画很有趣的东西，没想到他的老师韦罗基奥却让他大失所望，老师拿来一个鸡蛋放在他前面，让他反复观察反复画，一连多日都是如此。达·芬奇觉得很不耐烦，又很奇怪，就问老师为什么让他一直画这么简单的鸡蛋。老师却二话不说，亲自作画，向他展示了不同角度画出的蛋，并意味深长地对他说："画蛋并不是简单的事，因为世上没有两个完全相同的蛋，即使是同一个蛋，由于观察角度不同，光线不同，它的形状也不一样。”老师的画让达·芬奇深深折服，聪明的达·芬奇也因此明白了老师的用心，原来老师让他画简单的鸡蛋是为了培养他观察事物和把握事物形象的能力呀！从此以后，他废寝忘食地训练绘画基本功，学习各类艺术与科学知识，为他以后在绘画和其他方面取得卓越的成就打下了坚实的基础。

达·芬奇盛名时期创作的《蒙娜丽莎》被称为“世界十大未解之谜之一”，画家以出神入化的画技把一位优雅美丽的女士画得充满神秘感，达·芬奇采用他自创的“无界渐变着色法”技巧混合多种颜料来作画，层层渲染，主人公的眼角和嘴边绽开的微笑若隐若现、若有似无，令人捉摸不透。这幅油画给世界留下了一个难题，至今成为世界艺术史上一个无法判断的奇迹。这幅画中还藏着艺术家达·芬奇一个反叛的印记，中世纪教会禁止人物肖像画到腹部以下的荒谬规定。达·芬奇明知这一点，却把人物双手画到腹部以下，画得柔嫩、精确、丰满，充分展示了画中人的温柔与娴静，与画中人那神秘的微笑相映生辉，这也是艺术家对中世纪教会力量的公开对抗。

和达·芬奇同时期的艺术家还有米开朗琪罗·博那罗蒂（公元1475—1564年），他是意大利文艺复兴时期伟大的绘画家、雕塑家和建筑师，文艺复兴时期雕塑艺术

最高峰的代表。他和达·芬奇一样多才多艺，涉猎多个领域，且造诣不凡。也许是他以艺术家的敏锐经历了人生坎坷和世态炎凉，他一生所留下的传世作品都带有超越时空的审美效果，有无与伦比的磅礴气势，都表现了人类的力与美的悲壮。他的雕刻作品“大卫像”举世闻名，美第奇墓前的“昼”“夜”“晨”“暮”四座雕像构思新奇，此外著名的雕塑作品还有“摩西像”“大奴隶”等。他最著名的绘画作品是梵蒂冈西斯廷礼拜堂的《创世纪》天顶画和壁画《最后的审判》。他还设计和初步建造了罗马圣伯多禄大殿，设计建造了教皇尤利乌斯二世的陵墓。

他一生追求艺术的完美，坚持自己的艺术思路。他继往开来，既接受和延续了达·芬奇的创作风格，又独树一帜，以独特的风格影响了几乎三个世纪的艺术家。可以说他的任何一件作品如果被任何一个人创作出来都可以称为人类艺术史上的一个奇迹，而米开朗琪罗却是在雕塑、绘画、建筑、诗歌等众多艺术门类中取得了如此辉煌的成就，这一点在迄今为止的人类文明史上，可以说无出其右。难怪当时人们在他活着的时候，就尊称他为“神圣的米开朗琪罗”。后人为了表达对他的尊敬，以他的名字来给小行星 3001 命名，他的名字将如同他的作品永远镂刻在世界艺术史册的首页！

文艺复兴时期的著名意大利画家还有拉斐尔·桑齐奥（公元 1483 年 4 月 6 日—1520 年 4 月 6 日），拉斐尔所绘的画以“秀美”著称，画作中的人物清隽秀丽，场景温馨祥和。他的代表画作有《雅典学院》《圣母子》《嘉拉提亚的凯旋》《圣乔治大战恶龙》《圣母与圣子》《康那斯圣母》《阿尔巴圣母》《椅上圣母子》《希斯汀圣母》《基督被解下十字架》《寓言》《绅士画像》《圣约翰沙漠洗礼》《教皇朱利欧二世》《佩鲁吉诺画像》《草地上的圣母》《被钉在十字架的基督》《佛利诺的圣母》《安西帝圣母》《亚历山大的圣凯瑟琳》《粉红色的圣母》。其中他为梵蒂冈教宗居室创作的大型壁画《雅典学院》是经典之作。

乔托·迪·邦多纳（公元 1266 年—1337 年）是意大利画家与建筑师，被认定为是意大利文艺复兴时期的开创者，被誉为“欧洲绘画之父”。其代表画作有《犹大之吻》《最后审判》和《哀悼基督》。

马萨乔（公元 1401 年 12 月 21 日—1428 年秋季），原名托马索·卡塞，全名为托马索·迪·瑟·乔万尼·迪·蒙·卡塞，是 15 世纪意大利文艺复兴时期第一位伟大的画家。他的壁画是人文主义一个最早的里程碑，他是第一位使用透视法的画家，

在他的画中首次引入了灭点，力争真实地反映实际场景，表现自然和人类的真实世界。其代表画作有《卡西亚圣坛三连画》《圣母、圣安娜和圣婴》《献金》《亚当被放逐出伊甸园》《圣三位一体》。

保罗·乌切洛（公元 1397 年—1475 年 12 月 10 日），原名保罗·迪·多诺，意大利画家，以其艺术透视之开创性闻名。其代表画作有描述《圣罗马诺之战》的三件套油画。

多米尼哥·基兰达奥（公元1449年—1494年），是意大利文艺复兴时期的画家，米开朗琪罗是其学徒。

桑德罗·波提切利（公元1445年3月1日—1510年5月17日），原名亚里山德罗·菲力佩皮，是欧洲文艺复兴早期的佛罗伦萨画派艺术家。其代表画作有《三博士来朝》《春》《圣母颂》《维纳斯与马尔斯》《维纳斯的诞生》《圣母领报》《诽谤》《神秘的基督降生图》《帕拉斯和肯陶洛斯》。

提香·韦切利奥（约公元1488/1490年—1576年8月27日），是意大利文艺复兴后期的伟大画家，威尼斯画派的代表。

15世纪以后，文艺复兴运动如火如荼，扩展到西欧其他国家。此时文学巨匠层出不穷，欧洲各地的作家都开始使用自己的方言而非拉丁语进行文学创作，这个行动直接促进了大众文学的发展，大量文学作品以各种方言形式出现，体裁也是百花齐放，包括小说、诗、散文、民谣和戏剧等。著名的有英国戏剧家莎士比亚创作的《罗密欧和朱丽叶》《哈姆雷特》《奥赛罗》《李尔王》和《麦克白》等文学作品，其中《哈姆雷特》流传最广，以一对恋人的悲剧影射统治者的虚伪和恶毒，作品以结构完整、情节生动、语言丰富精炼、人物个性突出而著称，后世被改编成多种艺术形式呈现。西班牙作家塞万提斯写出长篇讽刺小说《堂吉诃德》，影射当时愚昧的教廷。薄伽丘是一位多才多艺的意大利民族文学的奠基者，他最早提出统一民族语言的主张，促进了法国民族语言和民族文学的发展，短篇小说集《十日谈》是他的代表作，通过塑造数百个具有鲜明个性的人物形象，展示出意大利广阔的社会生活画面，一方面抨击宗教神学和教会，揭露僧侣的奸诈伪善，还辛辣地嘲讽罗马是“容纳一切罪恶的大洪炉”。有人把《十日谈》称作与《神曲》并立的“人曲”，还有人说，欧洲文艺复兴的大幕，就是由薄伽丘的《十日谈》拉开的呢！法国作家拉伯雷则继承了拉伯雷的民主派传统，他的作品《巨人传》提倡人要追求个性解放，战胜人性的和社会的黑暗愚昧，文思兼美，在欧洲文学史和教育史上占有重要地位。

文艺复兴时期的科学史上也是群星争辉。

文艺复兴时期的天文学取得了创世纪的进步。人们不再单纯地信奉几千年来亚里士多德和托勒密的说法，即使有神权的压迫和恐吓也不能阻止这些科学家们的探求真理之心。波兰科学家哥白尼做了敢于第一个吃螃蟹的人，他在1543年出版了

《天体运行论》，打破了几千年来传统的地心说理论，创立“日心说”，震撼了当时的科学界和思想界，动摇了封建神学的基础；德意志学者开普勒勇于探索，继承和发展了哥白尼思想，提出了行星运动的三大定律，发现了行星沿椭圆轨道围绕太阳运行的规律，推动了“日心说”的发展；意大利物理学家伽利略善于实验，自制望远镜证明了哥白尼“日心说”的理论是正确的，在1632年出版了《关于托勒密和哥白尼两大世界体系的对话》，由此创立了实验科学，为后世科学的发展揭开大幕；为了捍卫科学的真理，意大利的布鲁诺在《论无限性、宇宙和诸世界》《论原因、本原和统一》等书中宣称，宇宙在空间与时间上都是无限的，太阳只是太阳系而非宇宙的中心，并为此付出了生命代价。以上这些内容在前文都已经讲过，就不复赘述了。

值得一提的是，文艺复兴中一些卓越思想家尊重事实、敢于质疑，提倡唯物主义，为后世科学的发展作出巨大贡献。首屈一指的是弗朗西斯·培根（公元1561—1626年），他是英国文艺复兴时期散文家、哲学家。英国唯物主义哲学家，实验科学的创始人，是近代归纳法的创始人，他曾提出“知识就是力量”的口号，想必大家也是耳熟能详了。培根提出了到达各种现象的一般原因的真实方法——科学归纳法。《新工具》是他的代表作，这本著作在近代哲学史上具有划时代的意义和广泛的影响，哲学家把它看成是从古代唯物论向近代唯物论转变的先驱。在《新工具》中，培根把实验和归纳看作相辅相成的科学发现的工具。他看到了实验对于揭示自然奥秘的效用。培根认为，科学研究应该使用以观察和实验为基础的归纳法。培根的归纳法对于科学发展，尤其是逻辑学的发展作出了贡献。

那个时代除培根之外，还有乔瓦尼·皮科·德拉·米兰多拉（公元1463年2月24日—1494年11月17日），意大利哲学家、人文主义者，是意大利文艺复兴时期的著名思想家，精通希腊语、拉丁语、多种欧洲语言和东方语言，熟悉古代文献和各种哲学学说，他的《关于人的尊严的演说》流传很广，被称为“文艺复兴时代人文主义宣言”。

在物理学方面，最伟大的发现就是多才的伽利略通过多次实验发现了自由落体、抛物体和振摆三大定律，使人对宇宙有了新的认识。另外，伽利略的学生——意大利的物理学家、数学家埃万杰利斯塔·托里拆利（公元1608—1647年）经过实验证明了空气压力，发明了水银柱气压计；法国科学家帕斯卡发现液体和气体中压

力的传播定律；英国科学家波义耳发现气体压力定律；笛卡尔运用他的坐标几何学从事光学研究，在《屈光学》中第一次对折射定律提出了理论上的推证，他还第一次明确地提出了动量守恒定律：物质和运动的总量永远保持不变。

第十二章
如虎添翼的“千里眼”

自从人类诞生的那一刻起，就自然而然地敬畏神秘的天空。仰望天空，人类产生了多少奇妙的梦想，亿万年来也许这深邃的夜空并没有很大的变化，但人类在几千年来对它的观测中却发现了无数奥秘，这一切都和那神奇的“千里眼”的发明有关系。

托勒密是欧洲黑暗的中世纪之前最后一位伟大的天文学家。他的功劳不仅在于完整保存了希腊天文学家希帕喀斯的星表，更重要的是托勒密把它列入了天文巨著《银石》中。在托勒密死后 1500 年，这本《银石》仍旧统领着人们的思想。哥白尼是托勒密之后第一位敢于质疑而且把质疑变成现实的科学家。他被认为是第一个提出太阳系全面日心说的天文学家。他的著作《论天界的革命》出版的时候，也是人类向太阳系进军的号角被勇敢地吹响，哥白尼也作为人类的一座真理纪念碑而被人们铭记。但人类几千年来的信仰又如何会迅速改变呢？一方面由于人们用肉眼观测，简直难以相信脚下的坚实的大地居然是运动；另一方面托勒密流传了 1500 年的地心说体系仍旧和当时的科学家观测数据相吻合，因此即使在《天球运行论》出版以后的半个多世纪里，日心说仍然很少受到人们的关注，支持者更是非常稀少。直到 1609 年意大利的物理学家伽利略发明了天文望远镜，大大提高了人类观测天空的能力，人们一时无比推崇，并以此观测发现了一些可以支持日心说的新的天文现象后，日心说才真正走入有心人的视线，并引起人们的关注。

自从伽利略发明了天文望远镜，他对天空的兴趣更浓了。通过用新型望远镜持续观测，他发现天空那颗最亮的星星——金星的变化很大，开始时出现了月牙，继而渐渐饱满起来，同时整个行星也渐圆，然后，又由圆满变为渐亏，他感觉这种表现跟月亮的位相变化有相似之处！伽利略敏锐地感知到这种现象意味着什么，他反复观察，联系月相的变化原因仔细思考，最后推测出金星是围绕太阳运行的，而且它的位置正好在地球和太阳之间的轨道上，当金星和地球接近时，我们在地球上看到它是最大的弯月形；当金星运转过去，把它被太阳照亮的半球全部对着地球时，它离地球距离最远，形状最圆，体积最小，这就是金星满盈现象。金星满盈现象的发现也直接给日心说提供了一个有力的证据。

接下去，伽利略一鼓作气，又通过望远镜观测发现了木卫体系。他观测到它们的轨道呈圆形，其轨道平面几乎都和木星的赤道面重合，自转周期和绕木星转动的周期相同，是太阳系内四个较大的卫星。这些卫星的发现让伽利略和科学家们更加确信日心体系是真实存在的，地球不是宇宙的唯一中心。

丹麦天文学家和占星学家第谷·布拉赫（公元 1546 年 12 月 14 日—1601 年 10 月 24 日）也在此期间出现。他是天文史上的一位奇人，奇在于他的许多发现都是出于目测，但他对于星象的观测精确严密度相当高，在当时达到了前所未有的程

度，其编纂的星表的数据甚至已经接近了肉眼分辨率的极限，这在今天看来也是奇迹。在第谷的身上既有贵族的骄傲和固执，也有豁达和严格。他也是世上第一位给自己安装一个铜鼻子的人，他还固执地认为所有行星都绕太阳运动，而太阳率领众行星绕地球运动，为了圆满这一看法，他还自己创造出一个第谷系统，在这个系统里，金星、水星、火星、土星、木星全都围绕着太阳转，太阳则围绕着地球转。这和当时的日心说是对立的。他观测天相时，极其认真细致，他观察木星和土星接近时，细心注意到这两颗星接近的时间比根据阿尔丰沙十世所制的星表预计的时间相差一个月，他还注意到由于大气折射观察到的天体位置会有所变化，他竟然能根据自己的观测精准地校正观测仪器的误差。经过 20 年的观测，第谷发现了许多新的天文现象，他曾提出一种介于地心说和日心说之间的宇宙结构体系，他把观测的数据都传给了开普勒所运用，站在巨人肩膀上的开普勒也由此创立了著名的行星运动三大定律，成就了近代天文学的开端。

于是，继哥白尼、伽利略之后，德国杰出的天文学家、物理学家、数学家约翰尼斯·开普勒（公元 1571 年 12 月 27 日—1630 年 11 月 15 日）继续举起了日心说

的大旗。第谷的观测记录到了开普勒手中，发挥了意想不到的惊人作用。开普勒的视力不好，不利于观测天相，但第谷的观测记录使开普勒的工作变得严肃和更有意义起来。他发现自己的得意杰作——开普勒宇宙模型，在分析第谷的观测数据、制订行星运行表时毫无用处，不得不把它摒弃。不论是哥白尼体系、托勒玫体系还是第谷体系，没有一个能与第谷的精确观测相符合。这就使他决心查明理论与观测不一致的原因，全力揭开行星运动之谜。为此，开普勒决定把天体空间当作实际空间来研究，用观测手段探求行星的“真实”轨道。

他把目光先投向地球，力图先摸清地球本身的运动，然后再研究行星的运动。他要确定地球同太阳之间的距离在一年中是怎样变化的，还要知道地球究竟是怎样的形状。他采用了三角测量法，三角测量法这个术语来源于几何学中的三角形（triangle），在航海和测绘领域，它是指以三角形原理为基础进行测量和定位的方法。三角形测量法可以利用地球轨道的直径作为基线，测量靠近地球的恒星到地球的距离，为天文学提供了极大的方便。开普勒用火星做照准目标，那时人们对火星的视运动已经知道得非常清楚，它绕太阳运行的周期（一个“火星年”）是精密地测定了的。既然它是在闭合的轨道上运行，就总会有这么一个时刻，即太阳、地球和火星处在同一直线上，而且每隔一个“火星年”之后，它总又要回到天空的同一位置上来。因此，火星虽然是动的，但在某些特定的时刻，SM 总是表现为同一条基线。而地球呢？在这些时刻，它会到达自己的不同位置。这时，对太阳和火星同时进行观测，就成为开普勒测定地球轨道的手段。开普勒以令人赞叹的巧妙手法把地球轨道的形状测了出来。地球的轨道一经测定，以地球向径作为基线，从观测数据中推求其他行星的轨道和运动，对善于计算和推理的开普勒来说真是太容易了！

但没想到的是，开普勒计算出来的火星位置和第谷数据之间竟然不能完全吻合，相差了 8 分，即 1.133 度（这个角度相当于表上的秒针在 0.02 秒瞬间转过的角度）。换作其他人可能就会忽略这一点差异，但是开普勒不会，他完全信赖第谷观测的辛勤与精密，他说：“上天给我们一位像第谷这样精通的观测者，应该感谢神灵的这个恩赐。一经认识这是我们使用的假说上的错误，便应竭尽全力去发现天体运动的真正规律，这 8 分是不允许忽略的，它使我走上改革整个天文学的道路。”由此可见，第谷选择开普勒继续他的事业是多么睿智的决定！

开普勒也是善于计算的数学家，他相信第谷的数据，意识到可能自己的计算方法出现了问题。他绞尽脑汁，怎样才能找出一个符合第谷观测数据的圆形轨道呢？他灵机一动，采取了一个大胆的方式，尝试用别的几何曲线来表示所观测到的火星运动，他把行星运动的焦点定在以太阳为中心，然后试验成功了！他由此断定火星运动的线速度是变化的，而这种变化应当与太阳的距离有关：当火星在轨道上接近太阳时，速度最快；远离太阳时，速度最慢。并且他认为火星在轨道上速度最快与最慢的两点，其向径围绕太阳在一天内所扫过的面积是相等的。然后，他又将这两点外面积的相等性推广到轨道上所有的点上。这样便得出面积与时间成正比的定律。这是一个十分了不起的成果，这个成果可以证明火星是围绕太阳旋转的。

但开普勒并没有满足已取得的成就，他感到眼前还弥漫着一层薄雾，自己还远远没有揭开行星运动的全部奥秘。他相信一定还存在着一把钥匙，这把钥匙能帮助他解开行星运行的奥秘。

他日夜苦思，研究前人留下的宝贵资料，他发现行星运行的快慢同它们的轨道位置有关，较远的行星有较长的运行周期。即使在同一轨道上，行星速度也因距太阳远近而发生变化。像清风拂面，开普勒豁然顿悟，他确信行星运动周期与它们轨道大小之间应该是有一定关系的，只是这种关系的实质和规律是什么呢？他还没有准确摸到其间的数量关系。

开普勒该怎样解决这个难题呢？要知道他面对的只是一些前人留下的观测数据，他本身视力受损无法亲自观测，要根据这些固定的数据找出变化着的星球们隐藏的自然规律，这得要求研究者怀有多么大的毅力和耐心啊！聪明的开普勒把各个行星的公转周期（T）及它们与太阳的平均距离（R）排列成一个表，以探讨它们之

间存在什么数量关系。

行星名称	公转周期（T）	太阳距离（R）
水星	0.241	0.387
金星	0.615	0.723
地球	1.000	1.000
火星	1.881	1.524
木星	11.862	5.203
土星	29.457	9.539

从这个表中可知，对水星而言，公转周期是0.241年，距离是0.387天文单位；而对金星来说，则分别为0.615年和0.723天文单位……以此类推。这么一堆乱七八糟的数字能反映出什么规律性呢？像做数字游戏一样，开普勒对表中各项数字翻来覆去做各式各样的运算：把它们互相乘、除、加、减；又把它们自乘；时而又求它们的方根……这样，在很少有人了解和支持的困难情况下，他顽强地苦战达九年之久。经过无数次的失败，他终于找到一个奇妙的规律。他在原来的那个表里增添两列数字：

2　3

行星名称	公转周期（T）	太阳距离（R）	周期平方（T）	距离立方（R）
水星	0.241	0.387	0.058	0.058
金星	0.615	0.723	0.378	0.378
地球	1.000	1.000	1.000	1.000
火星	1.881	1.524	3.54	3.54
木星	11.862	5.203	140.7	140.85
土星	29.457	9.539	867.7	867.98

结果，开普勒发现了一个奇妙的规律：行星公转周期的平方与它同太阳距离的立方成正比。

即：

$$T^2\text{（T的平方）}=R^3\text{（R的立方）}$$

这就是行星运动的第三定律（也叫周期定律）。

这是一个十分重要的自然定律。不仅行星遵循着它，连同行星的卫星以及太阳周围的其他天体概无例外。从而可以确定，太阳和它周围的所有天体不是偶然的、没有秩序的“乌合之众”，而是一个有严密组织的天体系统——太阳系。为纪念开普勒在天文学上的卓著功绩，上述行星运动三大定律，被称“开普勒定律”。它一经确立，宇宙本轮的说法彻底垮台，行星的复杂运动，立刻就失去全部神秘性。它成了后世研究天空世界的“法律”。后世学者因此尊称开普勒为“天空立法者”[①]。

在开普勒的引领下，人类终于不再把目光投注在教会的神灵上，而是用一架架愈来愈精密的望远镜关注星空，寻求星球的奥秘。这其中英国天文学家弗里德里希·威廉·赫歇尔（公元1738年11月15日—1822年8月25日）作出了很大贡献，值得一提。

---

① 《8’偏差，为天空立法——记天文学家约翰尼斯·开普勒》,《物理教师》2005年

赫歇尔是恒星天文学的创始人，被誉为恒星天文学之父，他也是英国皇家天文学会第一任会长、法兰西科学院院士。他用自己设计的大型反射望远镜观测发现了天王星、土星两颗星球，他发现了太阳的空间运动、太阳光中的红外辐射，他编制成第一个双星和聚星表，出版了星团和星云表，他还研究了银河系结构。他的这些伟大发现都得益于他的一项伟大发明——“赫歇尔望远镜”（一种光学系统制成的望远镜）。

赫歇尔并不是天生的天文学家，相反，出生于德国的他对音乐特别感兴趣，从小就展现了超人的音乐天赋，很快成为一名出色的双簧管演奏者。但是长大后的赫歇尔并没有来得及展现自己的才华，就被战争裹挟到了英国，在那里，他成长为一名音乐家，并乐在其中。青年赫歇尔好奇心极强，而且天资聪慧、爱好广泛，他学习音乐理论，也探讨涉猎了数学，进而又接触了光学、天文学。

青年人的探索之心永无止境。1773 年，赫歇尔无意中读了一本科学普及作家詹姆斯·弗谷森（公元 1710—1776 年）写的一本畅销书——《对牛顿爵士的原理的天文学解释》，这本书认为太阳是凉凉的球体，太阳上的居民被云层保护着不受其外层火球的伤害，太阳黑子是人们透过火球的间隙所瞥见的云层，所有行星以及恒星上都有各种合理的生物居民。可以说书中充满想象力的描述极大地激发了他对宇宙的兴趣。耳听为虚，眼见为实。赫歇尔决定要自己观测，看看上面是否如此神奇有趣。

最初赫歇尔用当时人们用的折射式望远镜观察天体，但这种望远镜成的是正像，出射光瞳在目镜与物镜之间，视场较小，且不便安置瞄准叉丝，效果不理想，根本看不清太阳和彗星。为了探索宇宙奥秘，赫歇尔寻找更合适的观察望远镜，后来他转向了反射式望远镜，这次他成功地看到猎户座大星云，并清楚地辨认了土星的光环，极大地激发了他研究天文的兴趣。但是，目前的望远镜还是不能满足赫歇尔的观测要求，他还想看到更远的星球，想看得更清楚一些，于是，他自学成才，开始研制更高倍数的望远镜。

那时的望远镜结构比较简单，基本都是一片物镜加一片或者几片目镜，物镜和目镜装到镜筒上，之间再链接上，装好支架，就成了。赫歇尔制造望远镜最难的就

是磨制镜片，因为他需要的镜片在店里根本买不着，他造的是牛顿式望远镜，物镜选用的是凹面的金属反射镜，比起一般的镜片磨起来殊为不易。赫歇尔需要把一块坚硬的铜盘磨成规定的极其光洁的凹面形，表面误差比头发丝还要细许多倍，中途还不能停顿，于是他白天磨，夜里也磨，有时要连续干上十多个小时，连饭也顾不上吃，即使是这样努力，也还是连连失败了 200 多次，但坚强的赫歇尔支撑下来了。也幸好当时他不是孤军作战，他的妹妹卡罗琳·赫歇尔也是个天文迷，她一直跟随在哥哥的身边，边帮助哥哥做一些琐事，照顾哥哥的生活，边跟哥哥学习天文知识，磨镜片这事当然也少不了卡罗琳了。在兄妹俩的努力下，他们终于制成了一架口径 15 厘米、长 2.1 米的反射望远镜，并用它成功观测到天王星。成功的喜悦激励了兄妹俩，他们继续磨镜片，制造更好的望远镜，整整持续了半个世纪。后来在英王乔治三世的大力支持下，兄妹俩努力了三年多又制造出了称雄世界多年的最大望远镜，它的镜筒直径达 1.5 米，差不多要三个人才能合围，镜筒长 12.2 米，竖起来有四层楼高，光是镜头就重两吨，简直像一尊巨型大炮！后来用这个巨人发现了土星的两颗星球——土卫二和土卫一。赫歇尔的创举震惊了当时的天文界，他也因此荣获英国皇家学会科普利奖章，并被选为会员。他的妹妹卡罗琳陪伴哥哥 50 年，赫歇尔的成就里也有她的一份，卡罗琳也成为名噪一时的女天文学家，并且她独自也有不少成就：发现了 14 个星云与 8 颗彗星，对星表做了修订，补充了 561 颗星，终年 98 岁。

赫歇尔一生共制造了 400 多架望远镜，大多都是手磨镜片。不单如此，他还改造了反射望远镜，调整了主镜位置，使星光经主镜反射后，焦点斜到镜筒上端的一侧，减少了折射光的损失，提高了聚光的效率。后世称之为赫歇尔焦点，而按照这种光学系统制成的望远镜也称为“赫歇尔望远镜”。

第十三章
站在巨人肩膀上的小男孩

历史上的欧洲，曾有过一段黑暗的岁月。那是在中世纪，教会和教廷的力量牢牢控制住了人们的思想和行动。就像一个巨大的樊笼把人们禁锢在里面，不许人们思考。但是真理的种子是压不住的，总有勇敢的捍卫真理的卫士出现，打破这黑暗的世界，带来新世界的光明。科学，正是这最亮的一颗火种。

掀开 16 世纪天文史上星光灿烂的大幕，首先让人们目光聚焦的是开普勒，从 1605—1618 年间，开普勒接续第谷的观测资料进行研究，他不负众望，发现了天体运行三大定律并发表了三大定律，大大动摇了当时的天文学与物理学。因为在这之前，人们在教廷的引导下，相信的是托勒密延续一千多年的地心说，大家都以为地球是不动的，地球才是宇宙的中心。改变始于伽利略，伽利略是当时意大利有名的物理学家、数学家、天文学家，他注重实验，相信真理，敢于质疑权威，他制造和改良了望远镜，经过一系列的观察和研究，认为哥白尼提出的日心说是正确的，因此写了一本有名的对话集《关于托勒密和哥白尼两大世界体系的对话》。但是当时教廷的势力实在太大，连伽利略这样被人推崇的大科学家也只能以这样隐晦的方式表达自己的看法。但是开普勒的三大定律出世后，直接证实了哥白尼的理论，人们再也不信教廷的邪说了。

可以说开普勒的三条行星运动定律不但推翻了封建神权全力维护的地心说，还完善并简化了哥白尼的日心说。三大定律建立的理念认为行星世界是一个匀称的系统。这个系统的中心天体是太阳，受来自太阳的某种统一力量所支配。太阳位于每个行星轨道的焦点之一。行星公转周期决定于各个行星与太阳的距离，与质量无关。它虽然在当时并没有得到教廷的认可，但是它的出现对后人寻找出太阳系结构的奥秘具有重大的启发意义，为经典力学的建立、牛顿的万有引力定律的发现，都做出了重要的提示。

理论上说，开普勒三定律是不容置疑的，但为什么会这样呢？是什么让它们做加速度非零的运动？很多人都有过思考和质疑，但是最终都石沉大海，不了了之。最后是谁解决了这个问题呢？就是那个自称站在巨人肩膀上的小男孩——牛顿。

艾萨克·牛顿（公元 1643—1727 年），1643 年 1 月 4 日诞生于英格兰东部小镇乌尔斯索普一个农民家庭。牛顿是遗腹子，母亲在他三岁时改嫁，继父脾气不好，因为没有受到很好的照顾，又经常被遗弃，牛顿童年时身体瘦弱，形成了孤僻阴郁而倔强暴躁的性格。

1648 年，牛顿 5 岁了，被送去学校读书。开始牛顿并不适应学校的生活，他的成绩不好，孤僻暴躁的性格也让他没有交到一个朋友，反而处处受到同学和老师的嘲笑。但小牛顿有个很好的爱好，他喜欢读书，什么书都看，特别是喜欢看一些介绍各种简单机械模型制作方法的读物。孤独的小牛顿没有朋友，相比和别人一起

玩耍，他更喜欢独自一个人思考问题。他脑子里的问题可多呢，有时问得老师都厌烦，但是他就算受了批评和冷待也决不气馁，仍旧孜孜不倦地读书、思考和提问。也许是因为小时候做的事情多，锻炼了牛顿的动手能力，牛顿特别喜欢做手工，无论做什么都能做得很好。有一次，牛顿跟着奶奶一起去村里的风车上磨面，牛顿看到巨大的风车吱吱呀呀地转着，带动磨盘，金色的麦子填进去，雪白的面粉就源源不断地流淌出来。小牛顿简直看呆了，回到家里自己琢磨好久，居然也做了一个一模一样的小风车，拿扇子一扇风车就吱呀吱呀地转起来。第二天，牛顿把做好的风车带到学校向同学炫耀，大家都围拢过来好奇地打量这个有趣的小风车，牛顿感到非常自豪。一个同学问牛顿，这风车为什么会转，有什么原理。牛顿没有想过这个问题，答不上来，妒忌的孩子们哄堂大笑起来，并且有人趁乱把牛顿的风车推到地上摔坏了。牛顿气愤极了，捡起那个破碎的风车，和同学打了一架。但从那以后，牛顿学会了无论做什么实验都要问自己为什么，从而也形成了科学家必备的研究气质。

读中学时，爱读书的牛顿已经成绩很出众了，他曾受到一个寄宿家庭里主人——一位药剂师的影响，爱上了化学实验。他经常别出心裁地做些小工具、小发明、小试验，还学会记读书笔记，分门别类地整理好，留待有用时翻查。大概是出身乡下的缘故，奇妙的大自然一直是牛顿最好的朋友，他热爱大自然，经常细心观察大自然的变化，善于从中提取自己好奇的因素去寻找答案。据说万有引力就是牛顿在果园里休息时被果子砸到头发现的。无论这件事是真是假，这种习惯为他后来的科学研究打下了良好的基础。

由于生活困难，有一段时间母亲曾让牛顿停学在家务农，赡养家庭。但牛顿一有机会便埋头看书学习，孜孜不倦，以至经常忘了干农活。有一次，牛顿的舅舅起了疑心，就跟踪牛顿上市镇去，发现他的外甥牛顿伸着腿，躺在草地上，正在聚精会神地钻研一个数学题，连舅舅来了也不知道。牛顿的好学精神感动了舅舅，于是舅舅劝服了牛顿的母亲让牛顿复学，并答应资助牛顿上大学读书。牛顿重新回到了学校，他像干渴的小树苗，贪婪地汲取着书本上的营养。后来在舅舅的鼓励和帮助

下，中学毕业后的牛顿来到剑桥大学三一学院，牛顿在学院里阅读了大量的现代哲学家以及伽利略、哥白尼和开普勒等天文学家更先进的思想，并不停地进军新的领域。1665 年，他在数学方面崭露头角，他经过周密演算发现了广义二项式定理，并很快形成一套新的数学理论，就是后来为世人所熟知的微积分学。后来黑死病流行，牛顿不得不回到家中，但他如痴如狂地继续研究微积分学、光学和万有引力定律。从此开启了属于牛顿的也是属于全人类的一个辉煌时代。

牛顿是那个时代的奇迹，他的伟大在于他只用一个简单的数学公式就描述了我们这个世界遵循的规律——万有引力定律。从那以后，人类才知道是万有引力成就了这个世界，而不是神的旨意决定的。

什么是万有引力呢？牛顿认为自然界中任何两个物体都是相互吸引的，引力的大小跟这两个物体的质量乘积成正比，跟它们距离的二次方成反比。简单说就是质量越大的东西产生的引力越大，这个力与两个物体的质量均成正比，与两个物体间的距离平方成反比。由此说来，地球的质量足够巨大，它产生的引力也足够把地球上的东西全部抓牢。这个结论一出，人们都明白了，不是神给了我们生存在地球上的权利，而是万有引力让我们牢牢地站在地球上，而且快乐自然地生活。

其实那个时代的人们已经能够区分很多力，比如物体之间的摩擦力、物体自身重力、空气的阻力、电力和人力等，人们能很好地来利用它们，但没有办法很好地解释它们产生的原因。在教廷神职人员的引导下，只好归于神的旨意、神的恩泽。但神的思想已经愚弄不了人们，人们虽然心存疑虑，但无法合理解释种种现象，只好将之归于神意。只有牛顿将这些看似不同的力准确地归结到万有引力概念里，它解释了苹果落地、人有体重不会飞起、月亮围绕地球转等现象产生的原因，那就是万有引力。

牛顿为什么能发现万有引力呢？首先，牛顿确实是站在巨人的肩膀上，他是站在开普勒的三定律上创造了奇迹。开普勒第二定律对行星运动轨道更准确的描述，为哥白尼的日心说提供了有力证据，并为牛顿后来的万有引力证明提供了论据。牛顿假定太阳质量足够大，不会受到行星运动影响，因此不存在双星系统的问题；太阳和行星均为质点，有质量，无体积，并且太阳和行星的质量分布均满足密度仅与距自身质心距离相关，牛顿利用开普勒第三定律推导出万有引力定律。但更重要的是这个才华非凡的小男孩，一生都热爱学习，保持着强烈的好奇心和追索欲，对自

然现象的好奇心和思考促使他永远在头脑里倾泻着知识的清泉，成熟的苹果为什么会落地，而东升西落的月亮怎么不会落到地球上？一个看似普通的现象却能引出牛顿无数的思考，别人一晃而过的东西他却能找出无数种特质。因此，牛顿发现万有引力定律绝不是一蹴而就的偶然。

在牛顿去世 20 多年以后，又一个聪明绝顶的人物出生了，他就是拉普拉斯（公元 1749—1827 年），法国著名的天文学家和数学家，天体力学的集大成者。拉普拉斯才华横溢，著作如林，在青年时代就发表了一系列的论著。拉普拉斯 24 岁当选为法国科学院副院士，科学院在一份报告中曾这样评价他：还没有任何一位像拉普拉斯这样年轻的科学家能在如此众多如此困难的课题上，写出如此大量的论文。拉普拉斯曾担任拿破仑的老师，在拿破仑皇帝时期和路易十八时期两度获颁爵位，但他是个立场不坚定的人，因此总是被拿破仑嘲笑。他的巨著《天体力学》影响很大，

围绕这部著作流传有不少故事。有一次，拿破仑指责他说：“拉普拉斯先生，有人说你这部书中，从未提到上帝是宇宙的创造者。”拉普拉斯幽默地答道：“陛下，我不需要做这个假设。”据传说，哈密顿读了《天体力学》，17 岁便写文章订正其中的一个错误，从此开始了自己的数学生涯；格林则从《天体力学》受到启发，开始将数学用于电磁学；美国天文学家鲍迪奇在翻译了《天体力学》之后说：“只要一碰到书中‘显而易见’这句话，我就知道总得花几个小时冥思苦想去填补这个空白。”拉普拉斯精力极其旺盛，他对世界上的任何事情都感兴趣。拉普拉斯也很重视研究方法，他把注意力主要集中在天体力学的研究上面。他把牛顿的万有引力定律应用到整个太阳系，1773 年解决了一个当时著名的难题：解释木星轨道为什么在不断地收缩，而同时土星的轨道又在不断地膨胀。拉普拉斯用数学方法证明行星平均运动的不变性，即行星的轨道大小只有周期性变化，并证明为偏心率和倾角的 3 次幂。拉普拉斯经过计算证明：行星的运动是稳定的，行星之间的互相影响和外来物体所造成的振动，只是暂时现象，牛顿的担心（太阳系最终会陷入紊乱）是没有根据的，再也不必请求上帝伸出他的小手去做任何调整了。

这就是著名的拉普拉斯定理。从此拉普拉斯也被称为法国的牛顿。

第十四章
点亮了人类夜晚
的科学家

传说在远古时代，天地一片混沌，是盘古开天辟地，给人类带来一个美好的世界。人类品尝到光与雷电的威力，但是直到富兰克林、法拉第、爱迪生等科学家把电引入现实生活，点亮了人类原本黑暗的夜晚，人类才真正感受到光与电的魅力！

假设地球停电一个月，你猜会怎样？首先人类无线电通信马上瘫痪，救灾救急信息无法迅速传递；除了自行车外的交通工具全部瘫痪；城市取暖和制冷迅速停止，冻死、热死的人剧增；食物急剧减少，社会治安混乱；医院病人死亡率急剧上升……总之，没有了电，人类将回到原始的困顿状态。

电对人类如此重要，那么电究竟是什么呢？《新华字典》里是这样解释的：电是物理学现象，可通过化学的或物理的方法获得的一种能。在现实生活中，电的机制给出了很多众所熟知的效应，例如，闪电、摩擦起电、静电感应、电磁感应，等等。

在远古时代，人类对电就已经充满敬畏，漆黑的夜晚，一道闪电划破夜空，落在高高的树干上，猛然着起大火，火势蔓延很快，人们恐惧地躲避着，认为这是上苍的惩罚，是神迹。古代阿拉伯人可能是最先了解闪电本质的族群，早于 15 世纪以前，阿拉伯人就创建了“闪电”的阿拉伯字“raad”，并将这字用来称呼电鳐。公元前 600 年左右，古希腊的哲学家泰勒斯对电的了解和认识更为前进了一点，他发现不只是自然界中有电的神奇身影，选取合适的工具还可以人为制造出电。比如用毛皮等摩擦琥珀使琥珀变得磁性化，能吸附灰尘、头发，由此，“电”这个词产生了，但他以为这是琥珀内部的一种特质造成的。此后，科学家们对电、磁现象颇感兴趣，但只是作为学者们好奇的智慧玩意儿，而从没有突破神的意志，探寻它的根源。直到 1600 年，英国伊丽莎白女王的御医、英国皇家科学院物理学家威廉 · 吉尔伯特（公元 1544 年—1603 年）才解开了这个未解之谜。

吉尔伯特生于英国科尔切斯特，1569 年获得剑桥大学医学博士学位，他开始研究的是化学，对化学和天文学很有造诣，在研究过程中，他注重做试验搞研究，崇尚实验和理论结合来解释自然现象和一些医学现象。有趣的是，他在研究过程中逐渐对磁学和电学发生了兴趣，1580 年，他开始对于电与磁的现象进行系统性研究。由于威廉 · 吉尔伯特的严谨治学态度，他对电和磁的现象经历了 20 年细致认真的研究，撰写了第一本阐述电和磁的科学著作《论磁石》。这是一本具有现代科学精

神的书籍，着重于从实验结果论述。吉尔伯特在书中指出，不是只有琥珀可以经过摩擦产生静电的物质，钻石、蓝宝石、玻璃，等等，也都可以演示出同样的电学性质，在这里，他成功地击破了琥珀的吸引力是其内秉性质这持续了 2000 年的错误观念。吉尔伯特还发明了世界上第一个测电器，他制成的静电验电器可以敏锐地探测静电电荷，即使在之后的一个世纪，也仍旧是最优良的探测静电电荷的仪器。吉尔伯特著述的《论磁》共有六卷，书中的所有结论都是建立在观察与实验基础上的。著作中记录了磁石的吸引与推斥；磁针指向南北等性质；烧热的磁铁磁性消失；用铁片遮住磁石，它的磁性将减弱。他研究了磁针与球形磁体间的相互作用，发现磁针在球形磁体上的指向和磁针在地面上不同位置的指向相仿，还发现了球形磁体的极，并断定地球本身是一个大磁体，提出了“磁轴”“磁子午线”等概念。总之，在磁现象的研究方面，吉尔伯特的成就是光辉的，贡献是巨大的。由于他在电学领域的众多贡献，吉尔伯特被后人尊称为“电学之父”。

1601 年，吉尔伯特因医术高明被英女王伊丽莎白任命做王宫的御医，吉尔伯特在王宫如鱼得水，运用他的物理研究所得，做了不少出人意料之举。据说吉尔伯特很善于和别人争论学术问题，但他不是滔滔不绝地辩论，而是常常用有趣的实验来说话，把人驳得哑口无言。有人问他，为什么指南针的方向永远指着南方和北方？是不是北极有座大磁山吸引的？他做了一个“小地球”实验加以回答。他找到一块很大的天然磁石磨制成一个类似地球形状的磁石球，并把这个大磁石球叫作“小地球”。吉尔伯特再用细铁丝制成小磁针放在磁石球的表面让它带有磁性，结果发现这根小磁针的方向也是指着南方，和指南针在地球上的表现十分相似。由此说明，并非地球北极存在磁场，而是整个地球上都有磁场。吉尔伯特受到启发，他大胆提出一个假设：地球也是一个巨大的圆形磁石，它的两极位于地理北极和地理南极附近，不得不说，这个推理真是相当准确。当然，在当时人们对这种说法还不能完全相信，直到 1839 年德国数学家高斯（公元 1777—1855 年）运用球谐函数分析法从数学上加以论证和完善，至今仍是地磁理论的典型概念。

其实说到指南针，在中国南宋就有记载了，南宋的陈元靓在《事林广记》（成书于公元 1100—1250 年间）中记述了两种指南针，就是“水针（水罗盘）”和“旱针（旱罗盘）”的前身，旱罗盘后来经阿拉伯传入欧洲，在欧洲发展成熟起来。这一点，1985 年江西临川南宋朱济南墓出土的“张仙人”俑手持的旱罗盘证明：旱罗

盘的发明权也属于中国。它跟火药一样起源于中国，发展于西欧，这也给我们国人一个启示，在科技发展方面，国人尚需创新努力。

关于电和磁的发展，还要感谢一个人，是他发明了世界上最早的摩擦起电机。他就是德国马德堡市的市长奥托·冯·盖利克（公元1602—1686年）。盖利克做过有名的“马德堡半球实验”，这个试验证明了人类可以制造真空，演示了大气压的巨大机械力。他还发明了水柱气压计，利用气压计预报过天气的变化。除此之外，他还发明了第一台能产生大量电荷的摩擦起电机。他准备了一个小足球那样大的球状玻璃容器，在里面装满研磨成粉末的硫黄，然后用火小心加热，直到里面的硫黄全部融化再冷却之后，取出制成的硫黄球，在上面小心钻一个洞，再把它支在一根金属棒上，让它自由转动产生摩擦，然后就发出噼噼啪啪的响声，产生一簇簇电火花，这就是摩擦产生的电荷。这就是最早的摩擦起电机。但那时盖利克只研究出硫黄和玻璃可以摩擦起电，后来英国物理学家格雷和法国物理学家、巴黎科学院院士杜菲改进了试验的材料，发现所有的物体都可以摩擦起电，这为后来电学的研究解决了如何获得较大的电荷及电流的问题。在摩擦起电试验中，盖利克还发现摩擦得越快，在硫黄球表面积累的电荷也越来越多，但是这种起电机有个很大的缺点，那就是产生的电荷随着摩擦停止就消失了，根本没办法储存，但对于这一点盖利克并没有办法解决，也没有深思。

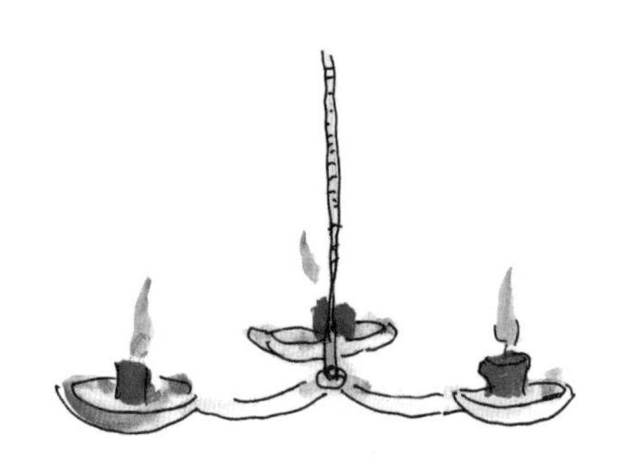

1745 年，一个偶然的事件使储存电荷的难题得到解决。一天，荷兰莱顿大学教授马申布洛克（公元 1692—1761 年）在做一个给清水通电的试验。他用一根金属链分别把水和起电机相连，起电机迅速旋转，摩擦出大量电荷。马申布洛克仔细观察着水面，突然他的手无意中碰到了金属链，似乎是被什么狠狠击打了，马申布洛克踉跄倒地。他清醒过后感觉莫名其妙，但是他的身体的确受到强烈的击打，这感觉如此凶猛，以至于马申布洛克事后说，那次他差点丢命。仔细思考和检查后，马申布洛克意识到，有什么物质是他没有看到的但却产生了，很有可能跟摩擦产生的电火花有关。这一意外发现令他欣喜若狂，后来经过多次试验，他终于可以确认，原来电可以像水一样在瓶子里贮存。就这样，他发明了能贮存电的瓶子，人们称之为“莱顿瓶”。

开始，人们还没有意识到莱顿瓶蕴藏的巨大能量，但电学家们意识到了，他们抑制不住自己的狂喜，帮助人们认识到莱顿瓶放电的巨大威力。有个名叫诺莱特的法国修士，曾在法国皇帝路易十五面前做过一个精彩的表演，他让 700 名修士手拉着手站成一圈，第一个修士和最末的修士分别抓住莱顿瓶的头尾部分，大家都不以为然，但当起电机转动起来那一瞬间，700 个修士同时惨叫出声，跳了起来。在场的人无不为之目瞪口呆，诺莱特以令人信服的证据向人们展示了电的巨大威力。但是人们还是很奇怪，700 人的队伍那么长，为什么第一个受到电击的人不及时撤手呢？后来人们才知道，电以光的速度传输，修士撒开手至少在 0.1 秒钟以后，因而“莱顿瓶”通过人体放电，无人能够幸免。

从那以后，人们对电的兴趣更加浓厚了。但是真正抓住自然界里的电的人只有一位——富兰克林。政治家、物理学家本杰明·富兰克林是美利坚开国三杰之一，被美国的权威期刊《大西洋月刊》评为影响美国的 100 位人物中的第 6 名。法国经济学家杜尔哥评价富兰克林：“他从苍天那里取得了雷电，从暴君那里取得了民权。”

1706 年 1 月 17 日，本杰明·富兰克林出生在北美洲的波士顿。他的父亲原是英国漆匠，富兰克林是家中第 17 个孩子。因为家境贫困，他读了两年书就离开了学校，后来他当了近十年的印刷工人。富兰克林从小聪明能干又热爱学习，为了读书，他宁可从微薄的伙食费中省下钱来买书，找认识的人将书店的书在晚间偷偷地借来夜读，第二天清晨归还。阅读为他打开了一扇知识的大门，他也利用这些知识不断进步。1737 年，富兰克林荣升费城副邮务长，工作越来越繁重，可是富兰克林每天仍然坚持学习，他孜孜不倦地自学，先后掌握了法文、意大利文、西班牙文及拉丁文。他阅读的范围很广，从自然科学、技术方面的通俗读物到著名科学家的论文以及名作家的作品都是他阅读的范围。正因为他广泛地接受了世界科学文化的先进成果，才为自己后面的科学研究奠定了坚实的基础。

富兰克林的科学研究也很广泛，莱顿瓶被发明后，他也对电产生了兴趣。1746年，富兰克林得到一只莱顿瓶，他兴致勃勃地开始研究电。和其他研究者不同的是，他把目光投向了天空。那么，富兰克林从天空抓雷电是怎么回事呢？

原来，富兰克林早就注意到电闪雷鸣时那恐怖的电光。几千年来，人们都以为那是神意，不能触犯，但富兰克林以科学家的理智和敏锐感受到这是一个可以研究的对象，他希望能做一个试验证实天空的闪电蕴含着的能量也可以被人类捕捉。据说，1752 年他在费城进行了震动世界的电风筝实验，他多次带着孩子在雨天放风筝，希望在雷电交加的情况下，利用风筝将大气电收集到莱顿瓶中，使其充电。1752 年 6 月的一天，阴云密布，电闪雷鸣，一场暴风雨就要来临了。父子俩拉着风筝线，线上系着一段金属丝，他们紧张地等待着。突然一道闪电从风筝上掠过，富兰克林不管不顾，用手刚靠近风筝上的金属丝，立即一种令人恐怖的麻木感掠过他的全身。他猛地缩回手，同时意识到自己成功了。惊喜过后，他又小心地将风筝线上的电引入莱顿瓶中，拿回到家进行各种电学实验，由此证明了他所提出的“闪电和静电的同一性”的设想。

1747 年，富兰克林用“莱顿瓶”研究不同形状的金属物体产生的电火花有何不同，发现尖端最容易放电，球形最不容易出现火花。当他发现闪电与摩擦起电是同一种现象时，他又大胆设想，是不是可以在高大的建筑物上装上金属丝等导电物质，把天电引入地下，从而避开雷击呢？于是，他提出了关于避雷针的建议。1760 年，富兰克林给美国费城的一座高楼装上了第一枚避雷针。这项发明很快传到英国，但由于富兰克林是坚决反对英国殖民统治、领导美国独立建国的重要人物，英国当局出于对他的厌恶，坚决不许人们采用富兰克林发明的尖端避雷针。直到 19 世纪后期，英国的许多教堂还是不愿意安装避雷针，因为迷信的神父们认为雷电是上帝的旨意，是上帝在惩罚有罪的人，他们坚信教堂不会遭受雷击。结果，英国教堂本身就是尖顶建筑，很多遭受了雷击。后来教堂也装上了避雷针。可以说避雷针的发明是富兰克林对人类现实社会的一个伟大的贡献，这项创举不仅可以防止闪电给人类带来的严重危害，同时也破除了迷信，揭示了自然力的真实性质，让人类真正了解了科学的威力。

避雷针发明后不久，意大利波洛尼亚大学解剖实验室发生了一件怪事。实验室工作人员在无意中用手术刀触碰放在金属工作台上的一只解剖过的青蛙时，发现早已死去的青蛙，其肌肉会像青蛙活着时一样收缩震颤。开始时这吓坏了一些实验人员，以为是什么怪异现象。这个消息传到解剖学家伽伐尼（公元 1737—1798 年）耳中，他对这种现象很感兴趣，他模仿当时的情景多次解剖青蛙，后来仔细观察研究发现，青蛙的震颤不是随便发生的，需要有两种不同金属制成的物体同时触到青蛙身上，才会有肌肉收缩现象。他认为这是青蛙自身产生的一种神秘的“生命元素”，这种元素跟电流一样。1791 年，伽伐尼发表著作《论肌肉运动产生的电荷》，后来，人们把这种电流称为“伽伐尼电流”。

意大利维尼亚大学物理学教授伏特（公元 1745—1827 年）当时也正在研究电学，当他知道这个消息后，也多次做了这个试验，但他却有不同的看法。他更相信是青蛙体内的某些物质在水的参与下，与两种金属发生了化学反应，在金属片之间产生了能够推动电荷运动的力量，流动的电荷刺激了青蛙的神经，引起肌肉收缩。他认为在这个实验里，金属和水是最重要的因素，青蛙反而不是决定性的因素。为了验证这个说法，他还用自己的嘴做了一个实验，他把一片锡箔放在舌尖，再用一把银勺去触碰舌根，舌头当然是湿润的，结果他接收到一种令人很不舒服的感觉。后来，伏特发明了非常灵敏的验电器，利用静电排斥力引起金属箔片分开的角度变化，测量出微小的电压。他不停变换实验材料，金、银、铜、铁等金属用遍了，在他的仔细研究下，1800 年，人类历史上最早的化学电源诞生了。几十片铜锌叠在一起，每片中间夹着浸透盐水的布，最上面的锌片和最下面的铜片用两条金属丝相连，金属丝的另一端分别插入两盆水中。实验开始了，伏特请人把两只手同时伸进盆，不出伏特所料，所有参与试验的人都遭到了强烈的电击。史上第一个真正的电池：伏特电池实验成功了！伏特电池是一种比静电发电机更稳定的电源，能够连续不断地供给电流，供科学家们更好地实验。伏特也因此成为现代电池的鼻祖。为了纪念这位杰出的科学家，后来人们把电压的单位定为“伏特”。

近代科学诞生之后，许多科学家为了探究新的领域，总要先创造出新的实验装置和测量仪器，因此科学家常常又是发明家。1781 年，库仑发明了扭秤。他用一根垂直悬吊的细金属丝，下面系着绝缘的水平横杆，横杆两端放置带电小球。水平方向的静电力使悬丝扭转，在悬丝上方有一面固定的小镜子，一束光投射在镜面上。镜子和悬丝一起转动时，反射的光点会产生很显著的偏移，从而测出微小的转角。根据扭转的角度，可以精确测量这种难以感知的力的大小，其灵敏度远远超过弹簧秤和使用砝码的天平。库仑的贡献不止于此，他还使用扭秤精确测量各种情况下力的变化，发现了它们遵循的规律。他发现这种相互吸引或排斥的力与电量的乘积成正比，与距离的平方成反比，它的数学形式很像牛顿在 1687 年发现的万有引力定

律。不过，库仑的结论是通过精细的测量归纳的，也就更有说服力。后来为纪念这位探索电的先驱，人们把电量的单位称作“库仑”。

第一个发现电磁的是丹麦科学家汉斯·奥斯特（公元 1777—1851 年），他是丹麦哥本哈根大学教授。他一直就觉得电与磁有关系，他认为，既然电在通过比较细的电线时会发热，那么电线再细就会发光，继续细下去就会产生磁力。为此他设计了很多实验，有一次他又重复了一次这个实验，这次成功了！当他接通电流以后，旁边的一个磁针真的动了一下，奥斯特简直高兴坏了，他还发现磁力的方向和电流是垂直的。

后来法国的安培（公元 1775—1836 年）把奥斯特的发现又推向了一个新的高度。安培小时候是个神童，酷爱思考和学习，12 岁就已经掌握了当时所有的数学知识。当他知道了奥斯特的发现以后，灵感突然爆发，在不到一个星期的时间里就发现了电和磁之间的两个规律，即右手定律和两个电流与磁力的关系。在 1820 年 9 月 18 日、9 月 25 日和 10 月 9 日的法国科学院例会上（该例会每星期举行一次），安培提交了三篇研究报告。报告指出，线圈通电时对磁针的作用与磁铁相似，他推断磁铁之所以能够使磁针运动，是由于内部存在着环形电流，而且他认为磁针之所以指向南北，是因为地球内部存在着与赤道方向相一致的环形电流，磁在本质上是电荷运动的结果。他发现，只有运动的电荷才能产生磁。他还发现，通电导线之间也存在着相互作用力，电流方向相同的导线相互吸引，电流方向相反的导线则互相排斥，这种相互作用力可以延伸至很远的地方。这些被称为安培定律的数学公式，成为后来电磁学发展的强大动力。

同一时期，另一个德国教师欧姆（公元1787—1854年）不久又提出了他的欧姆定律。1827年，欧姆发表《伽伐尼电路的数学论述》，从理论上论证了欧姆定律，但是当时书的出版招来不少讽刺和诋毁，直到七八年之后，随着研究电路工作的进展，人们逐渐认识到欧姆定律的重要性，欧姆本人的声誉也大大提高。1841年英国皇家学会授予他科普利奖章，1842年他被聘为国外会员，1845年被接纳为巴伐利亚科学院院士。为纪念他，电阻的单位“欧姆”，以他的姓氏命名。

电的发展到这里已经是如火如荼了。有人说，我们可以生活在如今这样一个电气化时代最应该感谢一个人。这个人是谁呢？他就是被称为电学之父的英国物理学家、化学家法拉第（公元1791—1867年）。法拉第出生在伦敦郊区一个贫穷的铁匠铺，小学没有读完便辍学了，被迫去印刷厂当童工给家里挣钱。好学的法拉第在这里有了看书的机会，他利用工作之便如饥似渴地读了不少书，并且学到很多科学知识。他好奇心很强，还按照书本上所说自己试着做了一些化学实验，甚至他自己组装了一台起电机。

当时的欧洲正掀起研究电磁现象的热潮，出现了各种各样的理论。法拉第对电磁现象也产生了浓厚的兴趣。机会是公平的，它总是垂青那些勤奋有准备的人。20岁时，一个偶然的机会，法拉第有幸做了著名化学家汉弗莱·戴维的实验助手，从此，法拉第开始了他的科学生涯。法拉第勤奋好学，工作努力，很受戴维器重，为了学到更多的知识，即使只能以戴维的仆人的身份出现，法拉第也毫不在意。后来他青出于蓝，不但接续了戴维皇家研究所实验室主任的工作，还做出了很多研究成果，如首创了金相分析方法，用取代反应制得六氯乙烷和四氯乙烯，发现了氯气和其他气体的液化方法，发现苯等。戴维不在意自己做出的科学发明成果，却高兴地说：“我对科学最大的贡献是发现了法拉第。”

法拉第把人们对他的赞誉抛在脑后，他孜孜不倦地工作着，1831年8月29日，法拉第对于电磁的实验终于取得突破性进展。他在一个软铁做成的环形铁芯上绕了两个线圈，第一个线圈与伏打电池相连，让电流通过；第二个线圈的一端延伸出一段距离，再返回来和另一端连在一起（中间没有电池），在延伸的导线下方放一个可以自由转动的磁针，它距离铁心大约一米远，这样的距离可使磁针不受第一个线圈电流的影响，只探测第二个线圈里的电流。当接通第一个线圈的电流时，法拉第看到磁针突然剧烈摆动起来，很快又平静下来回归原位。法拉第试探着断开第一个线圈的电流时，发现磁针再次剧烈摆动，然后又平静下来，回到原位。法拉第激动不已，他发现了磁力变化能引起电流！这是一个人类史上伟大的创举，它会改变世界！但法拉第没有因喜悦而停住脚步，紧接着，他又连续进行了三个电磁实验，结果世界上最早的发电机从此诞生了。

法拉第发现的“电磁感应”有什么用呢？简单说，他的电磁感应理论等发明和创造，使电动机和发电机的运转成为可能，并成为整个19世纪工业的强劲动力。有了法拉第的发现，才有了我们今天电灯、电话的使用，有了水库大坝的发电能力，有了汽车在马路上奔驰的可能……总而言之，直到今天我们仍然在享受法拉第带来的无尽快乐。

随着数学的进展，科学家开始以实验发现的规律为依据，运用新的数学方法，进行高度抽象的逻辑推理探寻自然奥秘，一批精通数学的理论物理学家应运而生，人类探究自然的历程达到了一个新的高度。

1888年，德国物理学家赫兹（公元1857—1894年）设计了一个十分巧妙的实验，他用充电的莱顿瓶通过火花放电，激发金属导体组成的电路产生电流振荡；在几米之外放置接收这种振荡信号的探测器，当接收器的固有频率和电流振荡的频率一致时，振荡电路激发的电磁波会在探测器上感应出高电压，从而在它的间隙上产生火花放电。他一次又一次实验，终于观测到金属平板使电磁波发生反射，绝缘体大棱镜使电磁波发生折射，金属凹面镜使电磁波发生聚焦。他又根据振荡电路的频率和测量出的电磁波波长，计算出电磁波传播的速度，与当时人们测得的光速相同。这个发现对电磁学相当重要，可惜，发现它的人生前并没有看到它的应用。

从吉尔伯特到赫兹，从电的发现到电磁波，科学家以各自不同的方式探索电和

磁的奥秘，发明家以丰富的想象力，把新的科学发现变成前所未有的技术。

1804年，西班牙发明家萨尔瓦发明了最早的电报，这是电报的鼻祖，虽然最开始的电报只能把文字传送到1000米之外的地方；1807年，英国化学家戴维发明了电解技术和电镀技术，第二年，戴维发明了最早的电弧灯，灯光比较稳定；1832年，法国人毕克希（公元1808—1835年）发明了可以连续产生电流的最早的发电机，他是第一个赋予法拉第发现的电磁感应现象以实用价值的人；1835年，美国人达文波特（公元 1802—1851 年）发明了实用的电动机；1837 年，英国人库克（公元 1806—1879 年）和惠斯登（公元 1802—1875 年）发明了实用的电报机；1838 年，美国人莫尔斯（公元 1791—1872 年）发明了一种新的电报系统，使用时断时续的电流发送文字信息，被称为“莫尔斯电码”；1850 年，英国工程师雅可布和布瑞特成功地铺设了穿越英吉利海峡的海底通信电缆，实现了英法两国之间的直接电报联系；1859 年，法国人普朗泰（公元 1834—1889 年）发明了蓄电池，从此人们可以“储存”电能；1867 年，德国工程师西门子（公元 1816—1892 年）对皮克希的发电机进行实质性的改进，完成了发电机实用化进程中最重要的发明——自激式发电机，即使用转速很不高的机器带动它，也可以产生很强的电流；1871 年，移民到美国的意大利人梅乌奇（公元 1808—1889 年）发明了电话；1879 年，美国人爱迪生和英国人斯旺（公元 1828—1914 年）分别发明了碳丝白炽灯；1881 年，英国建成第一座水力发电站，第一次把江河水流蕴含的能量直接转化为电能；第二年，爱迪

生（公元 1847—1931 年）在美国纽约建成第一座火力发电站，用蒸汽机驱动发电机，将煤燃烧产生的热能转化成电能；1882 年，瑞典人拉瓦尔（公元 1849—1913 年）发明汽轮机；1888 年，法国人勒普兰斯发明了电影，从此世界上产生了一个令人瞩目的新行业；1895 年，一位年轻的意大利人马可尼（公元 1874—1937 年）发明了无线电通信技术，从此，人类居住在地球村里已经成为可能。

纵观人类用电的历史，科学家们大约用 100 年的时间铺平了通往电气时代的道路，也为现代科学技术的诞生准备了最必需的知识基础和物质条件。

第十五章
活了的机器

爱看科幻片的读者看过《雪国列车》吧？这部电影讲的是全球极寒变冷，一辆自带永动机的列车无休止地行驶在茫茫雪地里，上面搭载着全球幸存者，车不能停下，停下就意味着被冻死。那永不停歇的机器曾撩起多少人对未来的梦想。在18世纪60年代的英国，有一种机器也曾风靡一时，惊艳了一个时代，它就是掀起第一次西方工业革命的蒸汽机。

在18世纪60年代的英国，有一种机器也曾风靡一时，惊艳了一个时代，它就是掀起第一次西方工业革命的蒸汽机。

蒸汽机其实就是将蒸汽的能量转换为机械功能的往复式动力机械。说起它的出现还有个有趣的故事呢。

1736年1月19日，詹姆斯·瓦特（公元1736—1819年）出生于苏格兰格拉斯哥附近港口小镇格林诺克。瓦特从小家境富裕，他的父亲是熟练的造船工人，并拥有自己的船只与造船作坊。瓦特从小身体虽弱但很聪明，母亲亲自教育他，他在数学计算方面出类拔萃。受父亲影响，瓦特动手能力极强，经常自己创造性地做出点小发明。

格林诺克的小镇上，家家户户都是生火烧水做饭。小瓦特因为身体病弱没有进学校读书，母亲有时出去，他就和祖母在家，他很喜欢在厨房里看祖母做饭。祖母经常用煤炉烧水，小瓦特在那里经常帮祖母加进去煤块。黑黑的煤块烧得通红，一会儿工夫，铁壶里的水就开始沸腾了，壶盖不停地往上跳动。瓦特观察好半天，感到很奇怪，猜不透这是什么缘故，就问祖母，祖母也不清楚。到底是什么神秘的力量顶着壶盖向上跳呢？问妈妈，妈妈让他自己去观察。于是连续几天，每当做饭时，他就蹲在火炉旁边细心地观察着。他发现壶盖跳动是有规律的，起初，水冷的时候壶盖不动，隔了一会儿，水要开了，就会冒出白白的水汽，还发出越来越响的声音。最后，壶里的水蒸气大团大团地冒出来，壶盖就开始跳动了。蒸汽不住地往上冒，壶盖也不停地跳动着。啊！原来是水蒸气在用力呢！瓦特发现了这个秘密既高兴又惊讶，水蒸气居然能推动壶盖跳动，这水蒸气的力量还真不小呢。从此，这个有趣的现象就像蒸腾的水汽埋在了瓦特的心里，等待着合适的机会跳出来震惊整个欧洲。

瓦特虽然很小就对水蒸气的力量有了认识，但是世界上第一台蒸汽机可不是他发明的。那是谁呢？是由古希腊数学家亚历山大港的希罗于公元1世纪发明的汽转球，这是蒸汽机最早的雏形，但是由于太不适用没有被应用过。之后，有一些聪明的科学家也对这种机器产生了兴趣。大约1679年，法国物理学家丹尼斯·巴本在观察蒸汽逃离他的高压锅后制造了第一台蒸汽机的工作模型。1698年托马斯·塞维利和1712年托马斯·纽科门制造出了早期的工业蒸汽机。应该说上面提到的几位科学家对蒸汽机的发展都作出了自己的贡献。但制造出第一台有实用价值的蒸汽机，使

之在工业上发挥巨大作用，影响整个世纪的只有英国发明家瓦特。他的发明到底有什么作用呢？这么说吧，它使人类有可能建造越来越大的船只和车辆，运载更多的货物，它使机器代替了手工劳动，工厂代替了手工工场。就是这一台小小的蒸汽机引起了18世纪的工业革命，瓦特也因此成为第一次工业革命的重要人物。

瓦特虽然不是第一个发明蒸汽机的人，但他的厉害之处在于他不断探索、不断改进，随后又对蒸汽机进行一系列重大改革，使之成为“万能的原动机”。他的发明到底有多厉害呢？这么说吧，从17世纪直到20世纪初，瓦特发明的蒸汽机仍然是世界上最重要的原动机，后来才逐渐让位于内燃机和汽轮机等。

自从瓦特发明蒸汽机以后，很多人都想制造出蒸汽轮船，可是都失败了。只有美国工程师、发明家——富尔顿（公元1765年11月14日—1815年2月23日）用瓦特蒸汽机做动力造出来世界上第一艘海上的蒸汽轮船。那是1806年8月17日的早晨，哈得逊河的河岸上挤满了人，大家都在翘首以盼，希望早点看到瓦特造出的那个大木头船怎样在水里自己行走。过了一会儿，一艘细长的木板船出现了，看外面与其他的帆船也似乎没什么不同，但这不是一艘普通的船，它是一艘新的蒸汽轮船，这艘船叫“克莱蒙特”号，船长45米、宽4米、吃水深度20英尺，船上安装上了一台当时最好的瓦特发明的博尔顿——瓦特发动机蒸汽机。这是蒸汽轮船第一次下水试航，有了第一次造船试航失败的经验，富尔顿虽然已经吸取第一次的教训，从各方面做好了充分的准备，但也很紧张。他亲自操纵机器，指挥工人不停地往锅炉里填入煤炭，蒸汽机呼呼地运转着，船慢慢启动了，一米、两米……哈德逊河上早就有一些帆船在等待着，想和富尔顿造的这个怪物船比试一番，到时好羞辱一下富尔顿这个不切实际的家伙。岸上很多人也在等着看笑话，好给以后增添一些谈资。开始时，“克莱蒙特”号还跟在那些帆船后面，然后开始并肩齐行，渐渐地，“克莱蒙特”号马力越来越大，像飞翔的燕子把一艘艘帆船远远抛在后头，渐渐消失在水平线上。河边观众震惊了，发出一片欢呼声。这次“克莱蒙特”号试航非常成功！从纽约出发，逆流航行，终点到阿尔巴尼城，共240千米，“克莱蒙特”号只用32小时就完成了航行，如果是普通的帆船航行，这段航程则需要四天四夜，海上运行的第一艘蒸汽机船——“克莱蒙特”号首次试航大获全胜，富尔顿一举成名。瓦特发明的蒸汽机获得第一个专利，纽可门蒸汽机完全征服了欧洲，开启了工业革命的航程。

1781年年底，瓦特以发明带有齿轮和拉杆的机械联动装置获得第二个专利，但蒸汽机的效率不是很高，动力不是很大。为了进一步提高蒸汽机的效率，瓦特在发明齿轮联动装置之后，对汽缸本身进行了研究，试制出了一种带有双向装置的新汽缸，由此瓦特获得了他的第三项专利。经过三次技术革新，原来的纽可门蒸汽机完全演变成了瓦特蒸汽机。1784年，瓦特以带有飞轮、齿轮联动装置和双向装置的高压蒸汽机的综合组装取得了他在革新纽可门蒸汽机过程中的第四项专利。1788年，瓦特发明了离心调速器和节气阀。1790年，他又发明了汽缸示工器，至此瓦特完成了蒸汽机发明的全过程。

与此同时，富尔顿回到了美国纽约，带着自己的设计图纸，招收了一些工人，在东河附近开始了自己的事业，并得到了一些人的支持，他开始了发明活动，制造新的轮船。1807年，经过不断地改进，“克莱蒙特”号的航速逐渐增加到6—8英里。1808年，他又建成了两艘轮船，逆水航速达每小时6英里，可以续航150英里。蒸汽轮船不断地得到改进，后来螺旋桨式蒸汽轮船取代了富尔顿的“明轮”船，船的性能越来越优良。依仗这有利的武器，欧洲人几十年后就横渡了大西洋，一群打着投资家旗号的国际侵略者们把目光投向美丽富饶的东方，开始了大肆发展殖民地的历程。

欧洲工业革命最耀眼的成就还有火车的发明。发明火车机车的是英国工程师乔治·史蒂芬逊（公元1781年7月9日—1848年8月12日），他生于诺森伯兰地区（现在的纽卡斯尔）的华勒姆村，父亲是个煤矿工人，靠烧锅炉养活家庭。受父亲影响，史蒂芬逊特别擅长机械操纵和制作。他经常跟着父亲下井，从小就熟悉矿井里用来抽水的蒸汽机，并对那轰隆隆的大家伙产生了浓厚的兴趣。因为家境贫困，史蒂芬逊小时候没上过学，一直到17岁才有机会读夜校。“穷人的孩子早当家”，小史蒂芬逊很懂事，他无比珍惜这难得的学习机会，一边在矿里做工，一边参加夜校读书，有时还要帮人修理东西或者在路边擦皮鞋补贴家用。尽管辛劳了一天已经很累了，可他总是第一个走进教室认真学习，也总是最后离开教室。由于他珍惜时间，勤奋读书，他进步很快，学会了很多知识，还把学到的知识运用到工作中。由于他出色操控机械的能力，很快得到了矿里领导的赏识，年轻的史蒂芬逊被任命做了矿里的机械师，学习和勤奋给史蒂芬逊带来了幸运。

史蒂芬逊是个细心的人，在工作中，史蒂芬逊注意到采矿的速度很快，但是运

输是由矿工用背筐运输，速度很慢，伤亡又大，他看到很多和他朝夕相处的矿工因为常年下井背矿石而积劳成疾，有的甚至倒在了矿井里死去。史蒂芬逊很难过，但是他毫无办法，因为那时候没有更先进的机器代替人力，采下来的矿石只能由矿工背出。他想，能不能制造出一台像轮船那样省时省力还能在陆地上奔跑的机器，让那些可怜的矿工解脱呢？怀着这个想法，他不断了解和学习蒸汽机的知识，还注意了解吸收那些蒸汽机研究者的经验，经过很长时间的考察研究，他觉得这事可行。

1810 年，他开始了制造蒸汽机车的实验，经过几年的努力，他终于在 1814 年发明了一台蒸汽机车，取名“半统靴”号。虽然试开成功了，但它的样子很笨重，像个丑陋的大铁块，速度又很慢，每小时只能行驶 6.4 千米，甚至比牛车还慢，民众看了都不相信它能起多大作用。

虽然第一次试车遭到了民众的嘲笑，但史蒂芬逊不气馁，反而从中看到了光明的未来，他坚信自己一定能造出代替人力的有用的机车。他想到在机车上装一个烟囱，以排出锅炉加热时产生的废气，减轻锅炉的负担，提高煤炭燃烧的效果，达到提高机车转动速度的目的。他带着工人反复地思考、实验，终于，经过改进，第二年史蒂芬孙又改良制造出“旅行者”号机车。“旅行者”号蒸汽机车共分为前后两部分，前一半，是个大水壶似的高高的锅炉，下面烧煤，加热锅炉里的水，水变成 400℃以上的蒸汽，蒸汽膨胀作用，推动汽机活塞往复运动，带动机车动轮一圈圈旋转，机车就跑起来了。那时的机车的后一半都是一辆装满煤和水的车厢，叫煤水车，专门供给烧锅炉用。煤燃烧的热量不能中断，所以开车时，前面要有司机掌握方向，后面则需要有司炉人员不停地拿着大铁铲把煤块送进锅炉，于是，机车就会在蒸汽机的带动下咕咚咕咚开动起来，同时车头的烟囱里还不停地喷射出烟火，这情景简直惊呆了观看的人们，因此机车后来被人们称为“火车”。1825 年 9 月，“旅行者”号机车拖着 30 多节小车厢，载着 450 名乘客和 90 吨货物正式试车，40 千米的路程，“旅行者”号只用了一个多小时就跑完了全程。这次试车成功开创了铁路运输的新纪元，加速了欧洲工业革命的进程，史蒂芬逊也被称为“铁路机车之父”。

史蒂芬逊发明了世界上第一列火车而名扬天下，但是他的儿子 R. 斯蒂芬逊更聪明，他设计建造的“火箭”号蒸汽机车于 1829 年 10 月参加蒸汽机车比赛，比赛时最高时速为 47 千米，以运行可靠、速度最快得奖，被称为“现代蒸汽机车的真

正原型”。子承父业，青出于蓝而胜于蓝，这在当时也是脍炙人口的佳话。

1830 年，R. 斯蒂芬逊再接再厉又制造出“行星”号机车，这次 R. 斯蒂芬逊改良了卧式锅炉，将原本分开的内外火箱和烟箱综合装置成一体，这样使煤炭燃烧产生的热量减少了浪费，大大提高了蒸汽机传动的能量。同时他还改装了机车的汽缸，把动轮装在机车后部，这样大大减轻了机车运行时的抖动和颠簸，这装置非常先进，至今现代火车仍然采用它。

1876 年 7 月 3 日，中国第一条铁路——“淞沪铁路”（窄轨）建成通车。那台英制名曰“先导”号的蒸汽机车（机车总重量 1420 千克）时速为 24—32 千米，在这条铁轨上正式运营，这也是我国第一台外国蒸汽机车。

第十六章
会玩的化学家们

我们的世界是由千千万万种物质组成的，这些神秘的物质以各种形式组成了各种奇特的东西：或坚硬，如金刚石；或柔软，如海绵；或咸涩；如盐；或香浓，如醇酒……自古以来，这些奇妙的现象都吸引着无数聪明的科学家去探索和研究实验，最终改变了世界。

亲爱的读者朋友，你知道地球是由什么构成的吗？从古到今的化学家们都在孜孜不倦地研究着这个问题，给出了不同的答案。泰勒斯认为万物的本质是水、土和气，而且它们可以相互转化。古希腊哲学家亚里士多德则认为土、气、水及火这四种主要元素组成了地球，他还提出了第五种神秘的元素“以太”，这和我国古代认为万物是由金、木、水、火、土五行组成且相生相克的理论不谋而合。“以太”究竟是什么呢？化学家笛卡尔认为它是一种介于各种物质中间的传播力的媒介，人类生存的宇宙空间都被以太这种媒介物质所充满。19 世纪以前，以太说曾经在一段历史时期内在人们的头脑中根深蒂固，深刻地左右着科学家的思想。

其实从研究的范围来讲，这应该属于化学范畴。那么什么是化学呢？简单说，化学就是一门对物质组成和相互作用进行研究的自然科学。追溯人类研究化学的历史，远从钻木取火的原始社会，近到使用各种人造物质的现代社会，人类一直都在享用着化学成果。可以说人类的生活能够不断提高和改善，化学在其中起了重要的作用。据美索不达米亚一块刻有楔形文字的泥板的记载，公元前 1200 年，有一位名叫塔普提（Tapputi）的香水制造师能以花、油、菖蒲，以及莎草、没药、凤仙花等为原料，用加水后蒸馏并多次过滤的方法制造香水，美化生活，这也算是古代较早的化学家了。之后也有许多炼金术士在化学发展方面起了一定的作用，比如，约公元 300 年，索西莫斯（Zosimos of Panopolis）将炼金术定义为“研究水的组成、运动、生长、合并和分裂、将灵魂从肉体牵引出来以及将灵魂和肉体结合的学科”，并创作了一些已知最早的炼金术著作。约公元 1167 年，萨勒诺学院的炼金术士发明了蒸馏酒的方法。公元 1605 年，弗兰西斯·培根出版了《学术的进展》一书，其中描述了后人所称的科学方法。同年，迈克尔·森达兹沃（Michal Sedziwój）发表了关于炼金术的论文《炼金术的新亮点》(A New Light of Alchemy)，提到了很久以后才发现的氧气。1615 年，让·贝甘(Jean Beguin）出版了一本早期化学教科书《化学入门》，书中首次发明了化学方程式。1637 年，勒内·笛卡尔出版了《谈谈方法》，书中包含了关于科学方法的提纲。1648 年，扬·巴普蒂斯塔·范·海尔蒙特去世后出版的《医学起源》是炼金术与化学的过渡桥梁，并对罗伯特·波义耳产生了重要影响。书中记录了无数次试验的结果，并建立起质量守恒定律的初期形式。但真正标志着现代化学的开端，要从英国科学家罗伯特·波义耳发现波义耳定律开始。

罗伯特·波义耳（公元 1627—1691 年）是 17 世纪著名的科学家、自然哲学家，被尊为现代化学的奠基人。他的主要业绩是波义耳定律。波义耳非常注重实验，是应用实验与科学方法来检验理论的一个先驱者，他第一个在实验中把化学从炼金术中分离出来，使之成为独立的一门科学的人，他也是第一个将氧气单独分离出来进行研究的人。

1627 年，波义耳出生在爱尔兰的利斯莫尔郡利斯莫尔堡一个富裕的家庭，父亲是一位伯爵。爱尔兰的男孩长大成人都要从军，但是幼年的波义耳却体弱多病，身材瘦小，他的伯爵父亲无奈只好设法送他到伊顿公学去读书。童年的波义耳读书成痴，不管什么书他都要读一读，而且善于思考，很快就成为学校里优秀的学生，受到老师们的喜爱。

波义耳一生为人纯善正直，有着贵族的高雅情趣，也有着科学家的认真执着，他不好名利，一心研究他的各种实验。他曾参加了一个叫作“无形学院”的小组，那里充满革新的氛围，波义耳在那里接受了“新哲学”的思想，也形成了用实验验证思想的求真求实的做法。1655 年，波义耳只身前往牛津，因为那里是他向往的英国饱学之士的聚集中心，波义耳很快就成为牛津最受欢迎的学者，因为他有对真理火热的追求与超人的思维。由于他出色的研究实验能力，1663 年，他被选为英国皇家科学委员会委员。1680 年，他被选为会长，但不爱权势的波义耳直接拒绝了这个职位，仍旧静静地进行自己喜爱的科学研究，一时传为美谈。在牛津，波义耳完成了他一生中最伟大的研究工作，他在那里经过仔细的实验，建立了波义耳定律，即气体的体积与它的压力成反比。波义耳测定了地球大气中空气的密度，并且指出，物体的重量随大气压力的变化而改变。他把地球的下层大气比作一些海绵或小弹簧，而上面大气层的重量压缩它。

这是世界上第一个描述气体运动的数量公式，为气体的量化研究和化学分析奠定了基础。这个定律的重要性该怎么描述呢？简单说，直到现在，它仍是学习化学的基础，不管你是清华大学还是哈佛大学的高才生，在学习化学之初都要学习它。

1660 年，波义耳发表了“怀疑的化学家”，在文中他旗帜鲜明地否定了以前的那些元素论，当然也包括那位了不起的亚里士多德。他提出新的元素论：物质的基本要素是不同种类及大小的“微粒”或质点组成的，而且不同的物质组成的微粒也不一样。如果几种物质混合在一起，组成的化合物的性质与它的组成成分的性质也可能不一样。

波义耳很擅长从实验中获得研究的灵感。说到这儿就不得不讲到和他有关的一个故事。

一次，波义耳照常在进行实验室内的晨间检查。实验室里正在进行盐酸的蒸馏实验，到处充斥着刺鼻的酸味。负责培养植物的园丁例行送来一束美丽的紫罗兰，顺手把花瓶放在烧瓶旁边。这时波义耳的助手正好把盐酸倒进加热的烧瓶里，顿时一股饱含酸液的蒸气从瓶口冒出四逸，忽然，助手的手抖了一下，有几滴酸液

溅出，竟然溅到紫罗兰花瓣上面了。哎呀，娇嫩的紫罗兰花瓣怎能抗住这么强烈的酸液腐蚀呢？果然，花瓣在微微地冒烟。波义耳想去挽救剩下的花朵，顺便也想把溅上酸液的紫色花瓣洗一下，看看还能不能保留。他拿来个水杯，把溅上酸液的花放进杯子里，自己去忙了。过了一段时间，他忽然想起那几朵花，一看，啊，深紫色的紫罗兰竟然变成红色的了。波义耳作为科学家的灵感顿时被触动了，他急忙叫助手拿几个玻璃杯和一点盐酸来。他们饶有兴趣地往每个玻璃杯内倒入了一些盐酸，加水稀释，然后把剩下的没溅到酸液的紫罗兰花分成小把放进去浸泡。过了一会儿，奇迹发生了，紫蓝色的花朵竟然全部逐渐变成淡红色，很快，又变成了红色。助手们啧啧称奇，波义耳化学家的思维又扩散了开来，他沉思着："酸能使紫罗兰变成红色，那么碱呢？"于是他们又进行了一些酸碱试验，发现酸碱溶液能使大部分花草改变颜色。那么能不能寻找到一种物质来鉴别酸碱呢？最终，经过无数次实验，波义耳确定一种叫作石蕊的紫色浸液显示最灵敏：酸能使它变成红色，碱能把它变成蓝色。由此，波义耳发明了石蕊试纸，这是后世实验中也常用到的酸碱试纸。

和一些重利重名的人不同，波义耳每次一有独到的发明和发现，都及时和毫无保留地与同行们共同交流分享，把自己的发现毫无保留地公之于世，因为他觉得知识是属于大家的。正因为他这种诚实无私、勇于探索的精神，受到了整个科学界的赞佩，也永远值得我们全人类学习。

波义耳实际上已经发现了氧气，他是第一个将氧气单独分离出来进行研究的人，但遗憾的是他没有更深入地探索。到 1774 年，法国化学家拉瓦锡（公元 1743—1794 年）在一次实验中在密闭容器内给锡和铅加热，冷却后他发现锡和铅经加热后表面形成了一层金属灰，锡和铅的重量增加了，但加热后容器内物体的总重量没有改变，这是怎么回事呢？他意识到这是一种新现象，拉瓦锡又对金属的氧化与还原的反应进行了很精确的定量研究，证明了化学反应中质量不灭的定律。但拉瓦锡对这个结果还不满足，他总怀疑是金属与空气中某些成分发生了化合反应，多次精准的实验后，终于将与金属化合的空气成分成功分离出来，并证实它就是氧气，有助燃助呼吸的作用。1777 年，拉瓦锡正式提出了氧化学说：燃烧的本质是物体与氧的化合。而氧气存在于空气中。

拉瓦锡的氧化学说给英国化学家、物理学家约翰·道尔顿（公元 1766 年 9 月 6

日—1844 年 7 月 27 日）提供了研究依据，道尔顿继拉瓦锡之后又通过大量的实验研究结果提出并创立了物质原子论。他认为原子是世界上所有物质中最小的单位，不同元素原子的性质和质量各不相同。如果一种元素的质量固定时，那么另一元素在各种化合物中的质量一定成简单整数比。说起来，道尔顿的发现应该是最不容易的。因为道尔顿是个色盲患者，在他的眼中，根本分不清除了蓝、绿、黄色之外的颜色，想必观察实验也是有难度的。这种病在现代社会毫不出奇，但在 17 世纪还是人们未知的一个领域。道尔顿不愧是科学家，他发现自己的这个与众不同的病症后，居然对色盲症状产生了强烈的好奇心，并且默默研究了这个课题，最终还发表了一篇关于色盲的论文，那也是世界上第一篇有关色盲的论文，为后世医学研究作出了贡献。后人为了纪念他，就把色盲症叫作道尔顿症。道尔顿的色盲症没有阻止道尔顿研究化学的脚步，反而给他提供了一个新的研究领域，这也许就是科学家的魅力所在吧。不管怎么说，道尔顿的原子论学说为后来测定元素原子量工作开辟了光辉前景。

1811 年，意大利化学家阿伏伽德罗对当时流行的气体分子由单原子构成的观点提出了反对意见，他认为氮气、氧气、氢气都是由两个原子组成的气体分子，在相同的物理条件下，具有相同体积的气体，含有相同数目的分子，并随后发表了阿伏伽德罗假说，建立了阿伏伽德罗定律。但他这个假说却长期不为科学界所接受，主要原因是当时科学界还不能区分分子和原子，同时由于有些分子发生了离解，出现了一些阿伏伽德罗假说难以解释的情况。直到 1860 年，J.L. 迈尔注意到了阿伏伽德罗的理论，他经过细致的研究，在 1864 年出版了《近代化学理论》一书，郑重介绍了阿伏伽德罗的理论，许多科学家从这本书里了解并接受了阿伏伽德罗假说，后人称之为阿伏伽德罗定律。由阿伏伽德罗定律换算出的阿伏伽德罗常数是 1 摩尔物质所含的分子数，其数值是 6.02×10^{23}，一直成为自然科学重要的基本常数之一，对后世科学的发展，特别是原子量的测定工作，起了重大的推动作用。

到了 18 世纪，人们早已经不再相信古希腊人所认为的物质是水、土、火、气四种元素组成的说法，因为已探知的元素有 30 多种，如金、银、铁、氧、磷、硫等，并且还确定了组成物质的单位有原子和分子。聪明的科学家们又产生了新的疑问：这些原子和分子都是怎样组成物质的？它们是怎样排列的呢？是随机的还是像人类站队一样有固定的排列规则呢？

门捷列夫似乎摸到了一点什么规律，可是又似有若无，他不甘心让这一丝灵感跑掉，废寝忘食地琢磨着、研究着，为此他几乎翻遍了圣彼得堡大学的图书馆，如饥似渴地搜索一切可以给他依据的资料。他试图探求元素的化学特性和它们的一般的原子特性，可是当时已发现了 60 多种元素，那么多的元素该根据什么给它们排列呢？它们是否有共性呢？门捷列夫每天在纸上写啊、排啊，不知写了多少张，毕竟元素太多，在纸上写着排列总是有点不方便。恰好，他看到别人玩桥牌时不停拆牌摆牌，便灵机一动，做了一些小纸牌，将每个元素和它的性质记在一张小纸卡上，把它们反复按照自己心中感受到的规则排列，希望捕捉到元素的共同性，可他排了一遍又一遍，还是失败了。别人看他每天只是玩牌，都笑他不务正业，每天摆纸牌消遣时光，可门捷列夫不在乎，他在乎的就是怎样把心里的那一点灵感早点找到。终于有一天，门捷列夫在摆纸牌观察时忽然发现一个规律：相等或相近元素的

原子量性质也相似相近，他还发现元素的性质和它们的原子量的变化也是有规律可循的，这就证明了一点，元素的变化是可以按照规律排列的。

门捷列夫激动不已，他把当时已发现的 63 种元素按其原子量和性质周期性变化的规律排列成一张表，这就是元素周期定律，这张元素周期表初步完成了使元素系统化的任务。门捷列夫还更正了当时测定的某些元素原子量的错误数值，重新修订了一大批元素的原子量（至少有 17 个）。门捷列夫又想，既然元素是按原子量的大小有规律地排列，那么，两个原子量悬殊的元素之间一定有未被发现的元素，于是，他大胆在表中留下一些空位，并预言会有一些新元素安排在这里。他没预料到的是，未来新元素的出现远比他预料的还要多。果然，就在他预言后的 4 年，法国化学家布阿勃朗用光谱分析法，从闪锌矿中发现了镓。实验证明，镓的性质非常像铝，也就是门捷列夫预言的类铝。这一发现，对于新的化学元素周期表具有重大的意义，它充分说明元素周期律是自然界的一条可以遵循的客观规律，为后人在化学研究领域开辟了一条光明之路。门捷列夫的发现和发明，像一颗炸弹，引起了科学界的震动，他的贡献也给人类历史留下了光辉的一页，人们为了纪念他的功绩，就把元素周期律和周期表称为门捷列夫元素周期律和门捷列夫元素周期表。

第十七章
人类从哪儿来的？

从女娲造人，到上帝创世，自古至今，人类都在追溯自身的起源问题——人从哪里来？人类的祖先究竟是谁？这是个令人类千回百转也要琢磨不休的死结，也是令科学家们日思夜想也要弄明白的主题。

自从人类摆脱了茹毛饮血，进化成地球上食物链中最高的等级——人类，聪明的人们就开始思考着：人究竟是从哪里来的？

中国《太平御览》里说女娲“抟黄土做人”。意思是说女娲用手抟黄土创造了人类。在埃及古代神话中，天神阿图姆每滴眼泪落在地面上就形成了一个人类。新西兰的土著毛利人传说，有一位神，叫作塔内，他取河边的红泥，按照自己的形象用自己的血捏成一个人，做成后，就向这个泥人的嘴和鼻子里吹气，使他活起来。古希腊人则说天地是太阳神阿波罗造的，人是普罗米修斯造的；相信基督教的人，基本都相信人是上帝一手创造的，因为《圣经·创世纪》上说，上帝用了六天的时间，创造了人和万物。在黑暗的中世纪的欧洲，人们被教会洗脑后，虔诚地相信神造人的说法，他们认为动物和植物以及人都是上帝造的，至今还流传着亚当和夏娃偷吃伊甸园里的苹果被上帝驱逐出去的故事。

可是有谁能证明上帝真的造过人呢？虽然教会的神父们拼命给民众洗脑，宣传上帝的神力，可是聪明的古希腊哲学家泰勒斯开始怀疑了。他认为万物源于水，水造就了这个世界。大科学家亚里士多德对此也有自己的看法，他认为组成万物的是土、水、气、火。现在看来这些说法都不科学，但是和上帝造人的说法相比还是有一些道理的，但这些说法都是古代哲学家们思考出来的，并没有什么确定的依据，并且当时还在教会势力的强势统治下，神父们不断给人们洗脑，因此人们那个时候还是虔诚地相信教会宣传的上帝造人说，这种说法延续了几千年之久。

直到一位英国医生，也是地

质学家和古生物学家的曼特尔和他热爱大自然的妻子发现了禽龙化石，随后还有许多人也陆续发现了恐龙等各种生物化石，才真正让人们对上帝造人说起了动摇之心。而在古代中国，人们其实早就发现了远古化石，他们把这些化石称为龙骨，用来入药。隋唐时期（公元5世纪）一本叫《雷公炮炙论》的书上对龙骨化石是这样描述的："剡州生者，仓州、太原者上。其骨细、文广者，是雌；骨粗、文狭者，是雄。骨五色者上。"

最初的人类起源仍然难以确定，但是古希腊唯物主义哲学家，据传是泰勒斯学生的阿那克西曼德认为，世界上的火、土和水元素应该有一定的比例，它们之间互相转化，并有一种自然规律保持着这种平衡，但是这种至高无上的力量其本身是自然的，而不是至高无上的神。一切世界并不像基督教的神学里所说的那样是被神创造出来的，而是自然演化出来的。

现在看来，阿那克西曼德理智而富于远见的看法确实有些接近进化论了。

不过这些说法都是哲学家和医生们的猜测和思辨，还是缺乏实验证据的，怎样来验证它们呢？英国17世纪著名的生理学家和医生——威廉·哈维用血液循环的规律开启了现代生理学的起点。威廉·哈维（公元1578—1657年）出生于英国肯特郡福克斯通镇，幼时家境富裕。望子成龙的父亲把他送进坎特伯雷的著名私立学校，他在那里受过严格的初小、中等教育。他不负家人的期待，15岁时进入剑桥大学学习了两年与医学有关的一些学科。1602年，他又在意大利帕多瓦大学——当时欧洲最著名的高级科学学府，在著名的解剖学家法布里克斯指导下学习。当时，伽利略正在那里担任教授，哈维也算是和巨人擦肩而过了。哈维在学习期间，刻苦钻研医书，每次都是最积极参加实践的学生，成绩优异，被同学们誉为“小解剖家”。当时他的老师法布里克斯正在进行静脉血管解剖和“静脉瓣”的研究，他被老师慧眼看中，成为老师的得力实验助手，令同学羡慕不已。好学的哈维不仅只满足于此，他好学的精神推动着他前进的脚步，24 岁那年，他又在英国剑桥大学获得医学博士学位，同年开始在伦敦行医，一时传为美谈。1607 年，哈维被接受成为皇家医学院成员，并很快取得候补医师的职位。

成为医生之后，哈维成功地为病人做过切除乳房的手术，还创造性地采用结扎动脉血管、断绝肿瘤的养分来源的方法，治愈过肿瘤。哈维凭借精湛的医术和认真的行医态度，很快就成为伦敦的名医。不仅如此，他还关心病人的疾苦，亲自探视行动不便的患者，从不计较报酬，常常免费为穷人治疗，因此深受患者爱戴，也得到大量的医学研究实践经验，这一点和中国古代的名医李时珍有相似之处。

哈维一生平易近人又酷爱学习，走到哪里都是手不释卷，即使成为国王的御医后也是如此。1640 年，英国资产阶级革命爆发，他曾随同国王参加埃吉山战役，国王去指挥战斗，他在战壕里负责陪同照顾国王的两个王子，也就是后来的查理二世和詹姆士二世。炮火连天的时刻，人人自危，但哈维却无所畏惧，安置好两位王子后，他从口袋里拿出一本书坐在战壕里津津有味地读起来，读到精彩处还不时读出声音。突然，一发炮弹飞来，在哈维所在的战壕附近爆炸了，硝烟弥漫，弹片横飞，士兵们都吓得急忙匍匐在地，可哈维正读得入神，居然没有意识到危险，只是抖掉身上的泥土，挪动一下位置后又继续读书，两位王子也为他的胆量折服。

哈维不但爱学习，还注重医学实践，对待学术他一丝不苟，为了研究人体和动物体的生理功能，他解剖的各种动物超过 80 种。陪同王室人员流亡在外，饱经战乱离苦的他在给朋友的信中谈到了 30 年战争，却只抱怨找不到可供解剖的生物，真是念念不忘他的研究工作。

早在 1616 年 4 月中，哈维就第一次提出了关于血液循环的理论。在骑士街圣保罗教堂附近的学堂中讲学时，哈维充分发挥了自己解剖超人学霸的能力，从各种角度，旁征博引，利用大量证据证明血液在体内以循环方式流动。他展示了自己用兔子和蛇做的实验结果，首先解剖了兔子，找出兔子身上还在跳动的联通心脏的大动脉血管，然后用镊子把它们夹住，观察血管的变化，他发现通往心脏一头的血管很快鼓起来，而另一端马上就瘪下去了，这说明血是从心脏里向外流出来的，也说明动脉里的血压在升高。他又用同样的方法，找出了兔子大的静脉血管，用镊子夹住，观察到的结果正好与动脉血管的反应相反，靠近心脏的那一段血管瘪了下去，而远离心脏的另一端鼓胀了起来，这说明静脉血管中的血是流向心脏的。哈维又解剖了蛇和其他动物，他惊奇地发现，在不同的动物解剖中都发现了上述同样的结果，最终他得出了这样一个结论：心脏相当于人体的一个动力泵，血液由心脏这个“泵”压出来，从动脉血管流出，流向身体各处，然后，再从静脉血管中流回去，回到心脏，这样完成了血液循环。这在当时是一个新鲜的观点，如同石破天惊，震惊了当时的医学界。

当时，哈维的演讲也是一个热点，讲稿里列举了维萨留斯以来的当代所有解剖学家的主要理论，也提到了相应的古人的论述，并能精准地把握住当代医学技术的脉搏。他的讲稿内容十分丰富，语言清晰生动，极具说服力。稿件全文由拉丁文书写，论点明晰，文辞通畅优美，从他的讲稿可以看出，哈维为医学事业做出了勇敢的探索和积极的实践。这份稿件至今仍收藏在大英博物馆。他的《心血运动论》一书发行后也像《天体运行论》《关于托勒密和哥白尼两大体系的对话》《自然哲学之数学原理》等著作一样，成为科学革命时期以及整个科学史上极为重要的文献。另外值得一提的是，哈维在他晚年身患疾病时，仍然心系医学研究，他秘密为皇家医学院捐赠了一座规模宏大的图书馆，把自己所有的研究材料和毕生心血所得都捐给了图书馆，但是自己却拒绝了学院院长的职位。他用自己勤奋卓善的一生实现了他的宗旨："要为穷人做好事"。

如果说是哈维用血液循环的规律开启了现代生理学的起点，那么瑞典植物学家卡尔·冯·林奈（公元 1707 年 5 月 23 日—1778 年 1 月 10 日）对于动物的分类给现代生理学提供了一个支点。林奈首次把动物分成六个纲：四足动物纲、鸟纲、两栖动物纲、鱼纲、昆虫纲和蠕虫纲，林奈将鲸、人、大猩猩、猴等都放入第一个纲

中，就是后来人们所说的哺乳动物纲。人类已经不再迷信教会的上帝造人论，而是客观地认识到人类与自然的关系。

为人们开启进化论研究先河的是布丰（公元1707—1788年），他是18世纪初一个法国贵族的后代，布丰从小受教会教育，爱好自然科学。1739年起，他担任皇家花园（植物园）主任。他用毕生精力经营皇家花园，并用40年时间写成36卷巨册的《自然史》。布封在百科全书式的巨著《自然史》中描绘了宇宙、太阳系、地球的演化。他认为地球是由炽热的气体凝聚而成的，地球的诞生比《圣经》创世纪所说的公元前4004年要早得多，地球的年龄起码有10万年以上。生物是在地球的历史发展过程中形成的，并随着环境的变化而变异。布封甚至大胆地提出，人应当把自己列为动物的一属，他在他的著作中写道："如果只注意面孔的话，猿是人类最低级的形式，因为除了灵魂外，它具有人类所有的一切器官。""如果《圣经》没有明白宣示的话，我们可能要去为人和猿找一个共同的祖先。"布丰是现代进化论的先驱者之一，发表了不少的进化论点。他不相信地球像《创世纪》所讲的那样只有6000年历史，他估计地球的历史至少是7万年；在未发表的著作中，他估计地球的年龄是50万年。他研究过许多植物和动物，也观察了一些化石，注意到不同地史时期的生物有所不同。他接受了牛顿关于作用于地球上的力学规律也适用于其他星球的论点，认为大自然应包括生物在内；自然界是一个整体，各部分相互联系、相互制约。他还指出林奈只注意到物种之间的细微差异，而没有把生物看作自然秩序的一部分。

他还认为物种是可变的。生物变异的原因在于环境的变化；环境变了，生物会发生相应的变异，而且这些变异会遗传给后代（获得性遗传）。他相信构造简单的生物是自然发生的，并认为精子和卵巢里的相应部分是组成生物体的基本成分，他不赞成"先成论"而支持"渐成论"。

他之所以形成进化观点的主要原因是两类事实：一是化石材料，古代生物和现代生物有明显区别；二是退化的器官，例如，猪的侧趾虽已失去了功能，但内部的骨骼仍是完整的。因此，他认为有些物种是退化出来的。后来他的进化观点遭到教会的强烈指责，迫使他不得不宣布放弃与教义不一致的论点。

布封还是人文主义思想的继承者和宣传者，在他的作品中惯常用人性化的笔触描摹动物。他写的课文中的《马》就被赋予了人性的光彩，它像英勇忠义的战士，又像驯服诚实的奴仆，像豪迈而粗犷的游侠，又像典雅高贵的绅士。

第一个把进化论研究得初具雏形的是拉马克（公元1744—1829年），他是一位博物学家。他走上科学之路的领路人是法国思想家卢梭。24岁的拉马克退役回来后非常喜爱植物，一天，他去植物园游览，观赏植物的时候遇到了65岁的卢梭，两人志趣相投，谈得很投缘。卢梭爱才，分别时看他很喜欢科学就把他引进了自己的研究室。

卢梭经常带他到自己的研究室里去参观，并向他介绍许多科学研究的经验和方法，使拉马克由一个兴趣广泛的青年转向专注于植物学的研究者。他也没有辜负卢梭的期望，后来他提出了两个著名的原则，就是"用进废退"和"获得性遗传"。前者指经常使用的器官就发达，不用会退化，比如长颈鹿的长脖子就是它经常吃高处的树叶的结果。后者指后天获得的新性状有可能遗传下去，如脖子长的长颈鹿，其后代的脖子一般也长。这基本上就是早期的进化论了。

拉马克有一段著名的话："无论是人还是其他任何东西，并不是个别创造的结果。这种个别创造的理论是很幼稚的，只有原始的人才会相信。神学家把从亚当至耶稣的时期定为4004年，这样很简单算定了世界的年龄。但是我细察这些化石及古石，世界是已有了若干万年。与伟大的自然比较起来，时间实在是算不了什么。你们去细察这些石头以及由流水而改变的世界吧！你们也不要相信那种灾变说，以为世界忽然大变，或是为洪水所毁灭。一切变迁都是慢慢来的，不知不觉来的，一点一点来的。"

真正打破神话的人是达尔文（公元1809—1882年），他是真正提出进化论的人。虽然前辈在地质学或者生物学方面都提供了大量有利于进化论的推测和论证，但是达尔文更相信自己的眼睛和自己的研究。

这一点源于达尔文从小就是一个认死理的孩子，他喜欢大自然，大自然里许多奇妙而又有趣的事情让这个淘气又聪明的男孩深深着迷。他不愿意学医，但遵从父愿只好中学毕业后去了爱丁堡大学学医，在大学的博物馆他认识了博物学家罗伯特·格兰特博士，从格兰特那里他看到了拉马克等前辈的著作，让他学到了很多生物学知识，激发起他对生物学的兴趣。后来达尔文又在剑桥大学结识了当时著名的植物学家J. 亨斯洛和著名地质学家席基威克，接受了力学专业的训练，对野外旅行、探险、考察充满了好奇和期待，从那以后他喜欢上了地质学。

真正改变达尔文的是1831年一条叫“贝格尔”号（也翻译为“小犬”号）的科学考察船。当时这艘船准备去美洲进行科学考察，船长需要一位博物学家，经过塞奇威克的举荐，达尔文登上了这条军舰，开始了他五年的艰难航行。

在这次航行中，达尔文是作为一个博物学家参加的，他获得了一次难得的研究各种生物的机会。在这次历时五年的航行中，达尔文看到了一个奇异多变的生物世界，学到了许多书本上也没有的知识。他惊讶地看到，即便是同一种生物，但由于生活地域的不同也会在外形和性质上发生非常巨大的变化。通过这次旅行，再联系以前研究的一些过程，他深深认识到，《圣经》上所说的创世纪未必就是真的，真的世界要比《圣经》的年纪大得多。所有的动植物也不是一成不变的，而且还在继续变化之中。至于人类，不是像《圣经》说的由神造出来的，而更大可能是由某种原始的动物转变而成的。他体会到环境造物的道理，认为自然条件就是生物进化中所必须有的“选择者”，具体的自然条件不同，选择者就不同，选择的结果也就不相同。

经过缜密的研究，1859年11月24日，达尔文的巨著《论通过自然选择的物种

起源，或生存斗争中最适者生存》（简称《物种起源》）出版了，它震惊了全世界，奠定了进化论的理论基础。《物种起源》的出版，在欧洲更重要的意义还在于它沉重地打击了神权统治的根基，让人们知道自己的祖先到底从哪儿来的了。

第十八章
有趣的生物学家

在教会统治的中世纪，人们相信动植物都是神造的。在文艺复兴时期以后，博物学家们出现了。他们研究动物、植物和微生物。他们还把动植物等分类识别、研究，从此，人们发现了一个广阔无比的世界。这对人类认识世界、改造世界起了举足轻重的作用。

在达尔文之前，欧洲的人们相信是神造就了世界万物，他们在教会的洗脑下，认为无论是聪明的人类还是黑猩猩和雄狮，无论是路边不起眼的青草还是参天大树，无不出于造物者神奇的手笔。简而言之，就是神是世界的主宰，顺者生，逆者亡。当然也有一些人善于透过事实看到了事物的本源，他们中的一些人后来成为了不起的生物学家。

最早的生物学家要算是亚里士多德（公元前384—公元前322年），他堪称古代欧洲最伟大的、百科全书式的博物学家。据说他除了喜爱用他那异于常人的聪明大脑思考以外，还非常喜爱在大自然里漫游，观察各种动植物，对它们的生长和特性很感兴趣。为了达到接近大自然的目的，他甚至在自己创建的吕克昂学园里建立了一个动植物园，养殖了许多动物和植物，有一些还是稀有的珍贵品种。亚里士多德很喜欢在这里观察动植物，还做了很多记录和研究，因此积累了许多生物学的资料。他写了许多关于动物的著作，有《动物志》《动物之构造》《动物之运动》《动物之行进》《动物之生殖》《尼各马克伦理学》《158城邦制》。据说现代生物学史的各个方面几乎都得从亚里士多德开始，可以这样说，亚里士多德一个人就是一部丰厚的生物百科全书。

亚里士多德观察记录动植物觉得很不容易，没有专门区分它们的方法，于是他想，能不能给它们也像人类一样分成几个部分呢？于是，亚里士多德就成了将生物学分门别类的第一个人，虽然他没有提出正式的分类（法），但是他按一定的标准对动物进行了分类，而且他对无脊椎动物的分类比2000年后林奈的分类更合理，并为之写出了专门著作（如动物分类、动物繁殖等）。他首先发现了比较法的启发意义并理所当然地被尊称为比较法的创始人，他也是详细叙述很多种动物生活史的第一个人，他还特别注意生物多样性现象，以及动植物之间的区别的重要意义。

亚里士多德并不像当时他的那些粉丝们只是凭借思考就做出结论，或者一切都以权威者的结论，他更注重通过观察事物的显著特点，并追究原因，得出结论。他喜欢经常提出“为什么”，并多方观察后找出原因，他觉得一切结构和生物性活动都有它的适应意义，他还试图通过自己的努力解释这些意义。由此看来，“为什么？”就是科学家在研究中所提出的最重要的问题，得“为什么”者得科学世界的天下。

古希腊还出现过很多生物学家，他们喜欢研究动植物。到了罗马时期（公元1世纪左右），一个叫普林尼（公元23—79年）的意大利人把希腊时期关于大自然的百科知识总结成一部巨著《博物志》。在这部有37卷的百科全书式的著作中，普林尼汇编了34000多种关于自然的条目，其中包括大量动物和植物的条目。他的书里不但有美人鱼和独角兽这类传说中的动物，还有许多鬼怪的传说，这本身是不科学的，但是在黑暗的中世纪，人们相信动物和植物都是上帝造的，所以也没人怀疑这本书。

居维叶（公元1769年8月23日—1832年5月13日）是法国著名动物学家、地质学家，比较解剖学和古生物学的奠基人。他从小被称为神童，有超强的记忆力，据说他4岁就会念书，14岁考上大学。居维叶的时代已经发现了大量的古生物化石，他发现了不同时代化石的埋藏具有明显的区别，创立了古生物化石的分类，如越古老的化石越简单，越年轻的低层生物也越复杂。他根据现生生物和化石在解剖学上的性质建立了比较解剖学，而且研究得很深。据说只要给他一块动物的骨骼化石，他就可以复原出整个动物，据此，他提出了“器官相关法则”，认为动物的身体是一个统一的整体，身体各部分结构都有相应的联系。

有一次，居维叶的一个学生想跟他开个玩笑，看看老师是不是真的对古生物研究得那么深。晚上，那个学生披挂上特制的一个“怪兽”皮，这怪兽谁也没有见过，皮毛浓密，头上两只尖尖的大角，四肢有硕大坚硬的蹄子，口中还滴着血。学生猛然出现在居维叶的窗前，张开血盆大口，发出巨大可怕的嘶叫声，做出要吃人的样子。居维叶先是吓了一跳，不过他一低头看到那头“怪兽”的蹄子时，突然笑了起来，理也不理这头怪物。那个学生没得到自己想要的效果，就去问居维叶。居维叶笑笑，说：“我在课上给你们讲过，判断一个动物是吃草的还是吃肉的，只要观察一下它的四肢、口腔、牙齿和颌骨就会一清二楚。你装的这个‘怪兽’，四肢上长的是蹄子，有坚硬的蹄子的动物一般都像牛和羊一样，它们只喜欢吃草，不喜欢吃肉。因此我又有什么好怕的呢？”居维叶又笑笑说：“怪兽并不可怕，可怕的是无知。赶快好好学习去吧！”那个学生只好羞愧地走开了。

在生物学界，有一个人被称为“昆虫世界的荷马”，他就是让·亨利·卡西米尔·法布尔（公元 1823—1915 年），他是法国博物学家、动物行为家、昆虫学家、科普作家，他一生热爱昆虫。法布尔生于法国南部阿韦龙省莱弗祖的小镇圣莱翁，是家中长子，他是个好奇心重、记忆力强的孩子。法布尔小时候，有一点与其他孩子不同，他对大自然里发生的事情特别感兴趣，特别好奇。不论是水里的游鱼、空中的飞鸟、花丛中的蝴蝶……他总喜欢给自己提出一连串的问题：“鱼儿睡不睡觉？”“鸟儿长不长牙齿？”“蝴蝶为什么这样漂亮？”……这些问题，大人们也常常回答不出来。于是他时常留心观察飞禽和昆虫，自己寻找答案。

他在读小学时，遇到了一位同是动物爱好者的老师，这位老师饲养了许多小动物，有牛羊和刺猬等。法布尔除了上课，每天都待在老师的小动物园里静静观察，不懂就问老师，学到了不少小动物方面的知识。

长大后，即使有人讨厌他这个观察动物的习惯，他这个习惯一点也没改，他几乎花费了一生的时间如醉如痴地观察昆虫的习性。人们习以为常地看到他的一些怪行为：有时，他趴在地上，用放大镜观察蚂蚁搬食物，一连气能看上三四个小时；有时候，他蹲在粪堆旁观看蜣螂的活动入了迷，就算是臭气熏鼻也不在乎，除非天黑了，他才从昆虫王国的迷梦中惊醒过来。

有一个早上，他在村里的路上散步，忽然响起蛐蛐的叫声，引起了他的兴趣，于是他循着声音追踪到一块石头旁。为了更好地观察这只早期的蛐蛐，法布尔斜躺在石头旁边，仔细观察这只蛐蛐的活动。农民们去地里干活时看见法布尔躺在那里像是入了迷，傍晚，干活的农民回来了，他们看见法布尔还躺在那里看着什么。虽然村里人对这样的情景已经司空见惯，但是他们实在不明白法布尔为什么会冒着大太阳看一只小虫看得这样迷醉。其实，这对于法布尔来说实在算不得什么，要知道，他曾经把冻僵的小虫放到自己的怀里使它苏醒，为了捉到三只稀有的昆虫，还把其中的一只塞到嘴巴里呢。

法布尔如此热爱昆虫，对它有了很深的研究，连著名的生物学家巴斯德都曾专程到阿维尼翁向法布尔请教蚕的问题。

1879 年，法布尔搬到欧宏桔附近的塞西尼翁村，在那里他买下一栋意大利风格的房子和一公顷的荒地定居。从此这片满是石砾与耐旱的野草灌木的荒地成了法布尔和昆虫的乐园。为了观察昆虫，他坚持保护这片荒原的原貌，并诗意地用故乡的普罗旺斯语给园子命名为“荒石园”。法布尔极爱这里，他经常在这里一整天一整天地醉心于观察昆虫，并心无旁骛地写作。

一年后，闻名世界的《昆虫记》的首册出版，接着以约三年一册的进度完成全部十册的写作。法布尔所著的《昆虫记》问世后引起极大轰动，被看作动物心理学的诞生之作，它也被誉为“昆虫的史诗”，流传至今，被翻译成多种语言，成为老少皆宜、人人争相阅读的世界名著。

这本书的出名并不只是由于它忠实记录了昆虫各种各样的食性、喜好、生存技巧、天敌、蜕变、繁殖等方面的知识，文中那朴实、清新的笔调，拟人化的手法和既充满童心又富有诗意和幽默感的描述也为之增色不少。比如在他的笔下蟋蟀是“一位天生的演奏家”和“出色的建筑家”，池鳐“那傍击式的泳姿，就像裁缝手中的缝针那样迅速而有力”，松树金龟子是“暑天暮色中的点缀，是镶在夏至天幕上的漂亮首饰”，萤火虫是“从明亮的圆月上游离出来的光点”，他描述黄蜂筑巢“的‘举措’简直像矿工或是铁路工程师一样。矿工用支柱支持隧道，铁路工程师利用砖墙使地道坚固”，屎粪蜣在他眼里则是“坚持在地下劳作为了家庭的未来而鞠躬尽瘁”。真是一部难得的昆虫界史诗。

和法布尔一样痴迷于观察发现的伟大的科学家还有孟德尔（公元 1822 年 7 月 20 日—1884 年 1 月 6 日），他是奥地利帝国生物学家，是遗传学的奠基人，被誉为现代遗传学之父。孟德尔出生于奥地利帝国西里西亚海因策道夫村，家境清贫。由于他的父亲和母亲都是园艺家（外祖父是园艺工人），孟德尔童年时经常到园里帮忙，因此学到许多园艺学和农学知识。他从小就对植物的生长和开花非常感兴趣，经常去观察它们的变化。虽然孟德尔家里并不富裕，可是爱他的父母坚持送他去读书。小孟德尔也很努力，后来中学毕业后考入奥尔米茨大学哲学院，但学习的并非植物学，而是主攻古典哲学。后来他还学习了数学，但他最喜欢的还是生物学，以后从事的工作也是自然科学。可惜因为他坚持否定植物物种的稳定性而受到教士们的攻击，没有拿到生物学毕业证书。为了摆脱饥寒交迫的生活，他不得不违心进入修道院，成为一名修道士。

但饱经打击的孟德尔毫不气馁，他决心经过自己的努力证明自己在生物学方面的才能。1857 年，布尔诺城市南郊的农民们忽然发现，附近的布尔诺修道院里来了个奇怪的修道士。说他奇怪，是因为他不像别的修道士那样整日学习教义和传教，而是像正经的老农那样拿着农具自己动手在修道院后面开垦出一块田，更奇怪的是里面种的都是豌豆。这位修士十分重视这些豌豆的长势，农民种豌豆都是由它自由生长，从不管它向哪里生长，可这位怪人不但用木棍、树枝和绳子把四处蔓延的豌豆苗支撑起来，让它们保持“奇怪的直立的姿势”，他甚至还小心翼翼地驱赶传播花粉的蝴蝶和甲虫，这是为了什么呢？

原来，这个怪人就是孟德尔。

当时的欧洲，人们热衷于通过植物杂交实验了解生物遗传和变异的奥秘，而研究遗传和变异首先要选择合适的实验材料，孟德尔选择了豌豆。1857 年夏天，孟德尔开始用 34 粒豌豆种子进行他的工作，开始了为期八年之久的一系列实验。

起初，孟德尔豌豆实验的目的只是希望获得优良品种，以帮助农民提高产量。但是后来孟德尔注意到植物的种子和植物的植株是有一定的联系的，比如苹果树结出来的是苹果，同样梨树结出的也是梨子，绝对不可能结出苹果。他还注意到豌豆的花和种子的颜色样子也是有关系的，究竟是什么样的关联呢？孟德尔再联想到人类父母和儿女也是在容貌上有一定的相似之处。他觉得这是一种神秘的关系，如果找到了一定是一个大的胜利。于是他足足进行了八年孤独而伟大的豌豆花实验，并在试验的过程中，逐步把重点转向了探索遗传规律。

孟德尔并不是只做实验，他还研读了同一领域内生物学家的著作。他开始进行豌豆实验时，恰好达尔文的进化论刚刚问世，他仔细研读了达尔文的著作，从中吸收丰富的营养，并把它融合到自己的实验中，达尔文的研究成果给了孟德尔很大鼓舞。

孟德尔忍受着村民的嘲笑，忍受着教士们的冷落，独自尽心地侍弄这些看似不起眼的豌豆，控制它们开花的时间，仔细观察，详尽描述记录了他的试验结果。经过整整八年的试验，孟德尔总共种植超过了一万株豌豆，追踪统计了所有后代的遗传特性，终于得出了相应的数学关系式，被后世称为“孟德尔第一定律”和“孟德尔第二定律”，它们揭示了生物遗传奥秘的基本规律。后人把孟德尔的遗传因子改名为基因，最终还找到了基因的物理定义和形状，开启了一门影响深远的科学门类：基因学。因此，后世人们也把他称作遗传学之父。

第十九章
视荣誉如玩具的
科学家

科学，像一座神奇的宫殿，它的魅力在于博大且有无数可能性。它凭借自身的神秘和变幻，引导好奇的人们孜孜不倦地研究，从而揭开万物生长和浩瀚宇宙中的秘密。纯朴、专注的居里夫妇就是迷上了这样的神秘世界，畅游其中，忘记了世俗的一切。

科学家们大多具有一种献身科学的精神，他们投身于钟爱的科学研究事业，为此奉献了全部的时间、精力和热情。其中玛丽亚·斯克沃多夫斯卡·居里（公元1867年11月7日—1934年7月4日）和她的丈夫皮埃尔·居里值得全人类纪念和学习。

居里夫人又叫玛丽，是波兰裔法国籍女物理学家、放射化学家，生于华沙一个正直、爱国的教师家庭。她的父亲和母亲都是中学教员，收入微薄，家境清贫。玛丽幼年失母，生活充满艰辛，但苦难没有打倒这个美丽善良的姑娘，反而使她从小就磨炼出了非常坚强的性格。玛丽自小勤奋好学，她学习时非常专注，哪怕周围再嘈杂，她仍旧认真读书，绝不会分散自己的注意力。一次，姐姐请了几个同学到家里玩，也叫玛丽一起玩，可是玛丽摇摇头说："你们玩吧，我要读书。"说完就拿着书到一边静静地看了起来。姐姐的同学想逗逗她，就特意在她面前大声唱歌、跳舞、做游戏，大家以为这回玛丽没有办法读书了，可是玛丽就像没看见一样，仍旧捧着书在一旁专心地看书，那端庄的样子简直不像一个小姑娘，而像一位老学究。勤奋的花总会结出丰收的果实，玛丽16岁中学毕业时就拿到了金奖，同学都很佩服她。

过了几年，玛丽长大了，脸庞秀美，眼神清澈又深邃，简直是贫瘠的土地中长出的一朵倾城之花，任谁见了都要为她的美丽啧啧称赞。可是她却毫不在意，她最在意的仍旧是读书和学习，仍旧是那么朴实端庄。在一次偶然的机会中，玛丽走进了一家化学实验室，实验室里摆满瓶瓶罐罐，工作人员做的实验激发了她对科学研究的浓厚兴趣，竟使她从此对科学着了迷。从那以后，一有机会，她就来到实验室，向老师们孜孜不倦地学习各种知识，努力尝试各种有趣的实验，为后来成为闻名世界的科学家铸就了良好的基础。

1892 年，玛丽在父亲和姐姐的帮助下，到巴黎求学的愿望终于实现了。玛丽高兴得心花怒放，但她深深知道自己的学习机会来之不易，因此异常珍惜每一分钟，每天最早来到巴黎索邦大学理学院的教室，选一个离讲台最近的座位，认真记录教授所讲授的全部知识。她求学期间生活非常清贫，有时甚至挨饿，只能住在一个条件简陋的小阁楼里，夏天闷热异常，冬天寒冷彻骨，没有窗，只有屋顶上开的一个很小的小天窗能透进一点光。艰苦的环境没有让玛丽气馁，反而激励着她不断进步，童年养成的良好习惯给她带来很多便利，学习成为她生活中最大的快乐，她像一棵角落里的小苗，悄悄地吮吸着能吸取到的营养。渐渐地，她积累了丰富的知识，逐渐成为一个内涵深厚的优秀学生，让老师和同学们瞩目。1893 年，她以第一名的成绩毕业于物理系。第二年又以第二名的成绩毕业于该校的数学系，并且获得了巴黎大学数学和物理的学士学位，这在当时的环境下称得上是一位知识女性传奇了。

1894 年是玛丽一生中值得纪念的一年。那一年，她来到了李普曼教授的实验室，开始了她的科研活动。就在这里，她遇到了比她大 8 岁的皮埃尔 · 居里（公元 1859 年 5 月 15 日—1906 年 4 月 19 日），遇到了一位最好的老师和爱人。皮埃尔 · 居里也是少年成名的年轻俊杰，他 16 岁通过了中学的毕业考试，18 岁就通过了大学毕业考试并获得了理科硕士学位，19 岁被聘任为巴黎大学理学院德山教授的助手，1880 年和哥哥雅克一起发现了电解质晶体的压电效应。1883 年，年仅 24 岁的皮埃尔被任命为新成立的巴黎市理化学校的实验室主任。当他与玛丽相识时，他已是一位有作为的物理学家了。1895 年他们结婚了，结婚后，玛丽不断调整自己的脚步，努力与皮埃尔 · 居里一起学习，一起奋斗，人们都尊敬地称呼玛丽为居里夫人。1897 年可爱的女儿出生，但玛丽没有停止自己勤奋的脚步，而是坚持学习和科学研究，皮埃尔也很支持玛丽，两人志同道合，互相帮助，取得了震惊世界的伟大成果。

说起居里夫妇的彪炳科学史的功绩，还要说说德国物理学家威廉·康拉德·伦琴（公元 1845 年 3 月 27 日—1923 年 2 月 10 日）。当时德国物理学家伦琴发现了 X 射线，引起极大震动。消息传到巴黎后，科学家们讨论不休，法国物理学家贝克勒尔在与 H. 彭加勒讨论了一次新近由伦琴发现的辐射（X 射线）及在真空管子中同时产生磷光的现象之后，他决定接受彭加勒的建议去研究在 X 射线与天然发生的磷光之间是否存在任何联系。后来贝克勒尔发表了一篇工作报告，详细地介绍了他通过多次实验发现的铀元素，铀及其化合物具有一种特殊的本领，它能自动地、连续地放出一种人的肉眼看不见的射线，这种射线和一般光线不同，能透过黑纸使照相底片感光，它同伦琴发现的伦琴射线也不同，在没有高真空气体放电和外加高电压的条件下，却能从铀和铀盐中自动发生。铀及其化合物不断地放出射线，向外辐射能量。虽然贝克勒尔一直宣传自己的发现，但大家都说贝克勒尔的发现实在是太偶然了，巧合使贝克勒尔交了好运。

居里夫妇听说了伦琴和贝克勒尔的发现后表示了极大兴趣，他们尤其是居里夫人觉得这是一个很有趣的研究领域，值得去探究，于是他们断然决定以贝克勒尔的研究作为主攻项目。他们没有想到这个决定会成为他们一生中最令人惊叹的转折，从此世界科学史上多了两颗闪亮的星。

当时，皮埃尔·居里还在与哥哥一起研究晶体，玛丽刚刚生了女儿还不足一年，但她不想错过这个极有趣的研究课题，于是利用照顾女儿的空余时间在家里一个空房间安装了简单的装置，开始向这个新领域进军。玛丽的聪慧和扎实的实验能力在这里得到了充分的利用，她的工作效率极高，仅仅几个星期，她便取得可喜的成果。她首先证明了贝克勒尔提出的铀盐的这种惊人的放射强度与化合物中所含的铀量成正比，这种放射性是稳定的，不受化合物状况或外界环境（光线、温度）的影响。她认识到这可能是一种新元素的特征。科学家的求真求实精神促使她提出一个疑问，还有没有其他的物质也存在这样的功能呢？由此她发现了放射性这种存在于很多物质中的自然现象，并把铀、钍等具有这种特性的物质叫作放射性物质。

玛丽的研究很不容易，首先是孩子还小，需要妈妈照顾，她只能抽出时间进行研究；其次，研究环境很差，房间里潮湿阴暗，夏天闷热，冬天很冷，玛丽的身体状况越来越差；还有，研究的资金短缺，材料很难筹全。可是玛丽没有被困难吓倒，她把实验范围渐渐扩大，从盐和氧化物扩展到一切矿物。她日复一日地用同一口大锅从廉价的原料中提炼实验材料，每天不停地投放、搅拌、提炼，终于有了新的发现：有些矿物的放射性强度比其单纯由所含铀或钍所产生的放射性强度要大得多。皮埃尔这时看到玛丽的实验如此重要，而且已经取得了阶段性成果，他决定暂时停止他在晶体方面的研究，协助妻子共同寻找这一未知元素。有了皮埃尔的帮助和参与，玛丽的心情轻松了一些，两人齐心合力一起把实验进行下去。

但是实验太难了！要知道这种未知元素存在于铀沥青矿中，在矿石中的含量只不过百万分之一。这得需要多少铀沥青矿啊！居里夫妇到处搜集原材料，然后废寝忘食、夜以继日地实验。经过不懈的努力，1898 年 7 月，他们终于寻找到一种新的元素，它的化学性质与铅相似，放射性比铀强 400 倍。夫妇两人很兴奋，这一次实验，玛丽居功至伟，皮埃尔也激动万分，请玛丽给这一新元素命名，玛丽想起了自己多灾多难的祖国——波兰，感慨万千："我们叫它为钋（pō）。"玛丽是想以此纪念她念念不忘的祖国，那个在当时的世界地图上已被俄、德、奥瓜分掉的国家——波兰，为了表示对祖国的热爱，玛丽在论文交给理科博士学院的同时，把论文原稿寄回祖国，所以她的论文差不多在巴黎和华沙同时发表。这个波兰的女儿用自己的成就为祖国人民争得了骄傲和光荣。是金子总会发光的，虽然当时的法国科学界有一股黑暗势力当头，对居里夫妇处处不公，但由于他们惊世的研究成果，最后居里夫妇和贝尔革勒还是共同分享了1903年的诺贝尔奖，这也算是不幸中的万幸了。其实居里夫妇并不在意这个在科学界的头等奖项，他们更忧心的是下一步的实验资金和原材料从哪里来。

发现钋元素之后，居里夫妇好像发现了新大陆一样兴奋，他们感觉到自己的研究方向是正确的，加紧了研究的步伐，尤其是玛丽，夜以继日地工作，继续对放射性比纯铀强900倍的含钡部分进行浓缩以及分部结晶。终于，水落石出的日子到了，经过近半年的奋战，玛丽的试管里结晶出一点点白色粉末，它看似平凡无奇，但是关上灯它会在黑暗中闪烁着点点蓝光，这表明它是有放射性的。由于当时条件所限，对于刚刚提炼出来的新元素，居里夫妇并不是非常了解它的全部性质，完全不知道闪着美丽的荧光的镭居然是一种非常危险的放射性元素，不但没有做好防护准备，甚至居里先生把含镭溶液的试管放在身上和床边，以此表达对这种新元素的喜爱。结果当然是不妙的，居里的身体受到严重的灼伤，很久都不能痊愈，这时，他们才意识到这种元素的另外一种特性，可惜，伤害已经铸成，若干年后，我们敬爱的玛丽也因此而离世。

因为那暗夜中的点点闪烁的蓝光，居里夫妇欣喜地把它命名为镭。但是这对命运多舛的夫妇没有更多的时间祝贺这一举世瞩目的发现，因为他们得到的镭太少了，他们要举洪荒之力提炼出更多的镭给那些高高盘踞在科学之上的贵族们，以及建立了雄厚势力的科学官僚们提供足够得到他们认可的证据。

首要的困难就是没有原料，要从铀矿中提炼出纯镭，需要大量的铀矿。完美的铀矿？是不可能的！谁让居里夫妇没有钱呢？居里夫妇为了要到一点铀矿残渣，他们多方奔走，在他们的努力下，终于从奥地利弄来了一吨铀矿残渣，勉强可以进行实验了。提炼一吨的铀矿残渣需要大的实验场地和器材，最起码要有一口足够大的锅。怎么办？他们又想方设法托人在理化学校借到一个破陋棚屋，重点是够大，实验的气味不会扰到邻居。这次，他们整整提炼了四年。四年啊！对一个科学家来说是多么宝贵呀！玛丽把所有的时间都放到了这伟大却尚为人质疑的发现中。四年中，玛丽没有钱雇佣工人，皮埃尔也有自己的研究项目，只能在空余时间来帮助她，但她一点也不抱怨，而是每天心甘情愿地做着连工人都不愿意做的简单而伟大的工作。每天她在院里的大锅上烧煮提炼铀矿残渣，毒烟蒸腾，那气味熏得人无法呼吸，玛丽撕一块围裙布遮住鼻子和嘴巴，继续提炼。这个小院，夏天太阳炙烤，热如蒸笼；冬天寒风呼啸，冷如冰窖，可玛丽毫不在意，她的心中只想着那蓝色的小精灵们。她煮了一锅又一锅，熬了一天又一天，整整熬了1350天，才从7吨沥青铀矿的炼渣中提炼出0.12克的纯净的氯化镭，并测得镭的原子量为225。有谁知道只是这么一点点镭盐，只是一个小小的数字，里面却凝聚了居里夫妇多少辛勤劳动的心血！这时，那些持怀疑态度的科学家不得不承认镭的发现是真实的，功劳归居里夫妇。

命运似乎对这对相爱的夫妇特别不公，正在居里夫妇准备大展手脚继续他们心爱的科学实验的时候，不幸的事情发生了。1906年4月19日，巴黎召开一次科学家的聚会，邀请了皮埃尔·居里。皮埃尔本来不想参加这样的聚会，但是鉴于夫妇俩在社交方面的短缺之处以及前面吃过的亏，皮埃尔还是参加了。在参加聚会后，皮埃尔·居里为了节省花费，决定步行回家。途中，皮埃尔要穿过一条马路，疲倦的皮埃尔没有注意到一辆沉重的载货马车失控而来，惊马的马蹄踢中他的头，那辆马车重重地压到皮埃尔身上，可怜的皮埃尔当场失去了宝贵的生命。对于科学界来说，是失去了一位大有作为的科学家，而对于居里夫人，这简直是致命的打击！

居里夫人痛失爱侣，自己关在屋子里，整夜整夜不能入眠，她回忆起皮埃尔的一点一滴的小事，心如刀割。但是对科学事业的热爱，还有儿女的期待，使她坚强起来，她想起皮埃尔生前的话："无论发生什么事，即使一个人成了没有灵魂的身体，他都应该照常工作。"是呀，何以解忧？唯有工作。她迈出小屋，勇敢地走出家门，带着家人和朋友的关心，来到皮埃尔生前任职的校园，接替了皮埃尔生前的教职，成为法国巴黎大学的第一个女教授。这在当时不亚于一场地震，有人怀疑，有人嘲笑，有人不赞同女人如此张扬，也有人赞扬。

面对责难和怀疑，居里夫人没有惧怕，她天生就是一位勇者，是最好的教师。

她精心准备了自己的第一节课的内容，当她站在讲台上时，教室里爆发出雷鸣般的掌声。这掌声是学生们和许多与玛丽素不相识的社会活动家、记者、艺术家及家庭妇女向这位伟大的女性表示的敬意。

居里夫人一边教学，一边继续和皮埃尔曾经一起努力的事业。她还要努力建设一个属于自己的实验室，而不是再到简陋不堪、连工人都不愿意待的小棚子里为如何克服寒冷的天气做实验而发愁。她也要发挥自己的育人能力，带动更多的青年科学家在追寻科学的道路上成长，共同发展科学。为此她贡献出她余生全部的才智和心血。

但这一次，命运终于做出了公平的奖励。1911 年，她因为提纯了金属镭与钋而第二次获得诺贝尔奖——这一次，获奖名单上只有她一个人了。领奖会上，她没有喋喋不休抱怨命运让自己曾经尝受的百般艰辛，也没有强调付出的心血和汗水，而是轻轻地然而又如重雷敲击在人们心上："关于镭和放射性的研究，完全是我一个人独立完成的。"——事实也确实如此，在她第一次提纯镭的四年漫长生涯中，其实皮埃尔·居里前两年多一直是在忙自己另外的课题，直到第三年，才介入了她的研究，帮她改进了些许测量仪器，相当于工作助手。至于那位贝克勒尔，根本对这项工作没有任何实质的指导或者帮助，只是作为居里夫妇的引荐人，将他们带入了还为上流社会所把持的科学界大门。

居里夫人现在已经是天下闻名，按理说应该是到了名利双收的阶段了，但了解她的人都知道，居里夫人到死都"像一个匆忙的贫穷妇人"。她忙什么呢？1908 年，皮埃尔·居里的遗作由玛丽整理修订后出版。1910 年，玛丽自己的学术专著《放射性专论》问世。经过深入而细致的研究，玛丽在助手们的帮助下，制备和分析金属镭获得成功，再一次精确地测定了镭元素的原子量。她还精确地测定了氡的半衰期，由此确定了镭、铀镭系以及铀镭系中许多元素的放射性半衰期，研究了镭的放射化学性质。在这些研究基础上，玛丽又按照门捷列夫周期律整理了这些放射性元素的蜕变转化关系。

她的一生朴实无华，既不求名也不求利。成名后相当一段时间里他们夫妇依然清贫如故，有时甚至为实验材料而四处奔走，实验室也是破陋无比，许多炼制操作只能放在院子里露天下进行，操作工就是玛丽自己。他们虽然生活在法国，可是法国那些僵化的制度和腐败的领导压根儿就没重视这对奇才。反而他们在国外声名鹊

起后，法国巴黎大学才于 1903 年授予居里夫人以物理学博士学位。他们的第一枚奖章是英国赠予的戴维奖章，瑞士的日内瓦大学曾经以年薪一万法郎和教授的待遇聘请居里去开设物理学讲座，但是遭到居里夫妇谢绝。

有人统计过，居里夫人一生获得各种奖金 10 次，各种奖章 16 枚，各种名誉头衔 117 个，一般人总会有点沾沾自喜，可居里夫人却全不在意。甚至为了教育孩子们从小养成不热衷金钱和荣誉的态度，她把英国皇家学会颁发给她的金质奖章给她的小女儿当玩具玩。如此睿智的母亲如何不会培养教育出出类拔萃的后代呢？继居里夫人和她的丈夫获诺贝尔奖之后，由居里夫人培养成才的两对后辈也相继获得诺贝尔奖：长女伊伦娜，核物理学家，她与丈夫约里奥因发现人工放射物质而共同获得诺贝尔化学奖。次女艾芙，音乐家、传记作家，其丈夫曾以联合国儿童基金组织总干事的身份荣获 1956 年诺贝尔和平奖。

发明了镭以后，一些要在美国创立制镭业的技师劝说居里夫妇申请这项发明的专利，这样会有数不尽的金钱流进居里夫妇的口袋。可居里夫妇经过慎重思考，做出了一项常人难以理解的决定："不想由于我们的发现而取得物质上的利益，因此我们不去领取专利执照，并且将毫无保留地发表我们的研究成果，包括制取镭的技术。若有人对镭感兴趣而向我们请求指导，我们将详细地给予介绍，这样做，对于制镭业的发展将有很大好处，它可以在法国和其他国家自由地发展，并以其产品供给需要镭的学者和医生应用。"

如此高风亮节，难怪爱因斯坦说："在所有的世界著名人物当中，玛丽·居里是唯一没有被盛名宠坏的人。"

第二十章
靠发明致富的科学家

说到发财致富，大概人们首先都不会想到科学家，因为感觉科学家就是整天埋头搞科学实验、两耳不闻窗外事的人。其实不然，发明创造也会带给我们财富。这要源于专利权的产生。

现代社会，科技高速发展，人们对物质文化生活的要求也精益求精，发明家们也就应运而生，简直如雨后春笋，层出不穷。不管是谁有了新的发明，第一件事准是去申请专利权。那么什么叫专利权呢？专利的英文是 patent，拉丁语中这个词的意思是“公开”，而英语中这个词最早的意思是“君主授予的一种权利”，在百科全书上的解释是：“现代专利的意义主要限于为发明而授予的某些权利。这些权利一般就是在一定期间内对专利对象的制作、利用和处理的独占权。实行这种制度的目的包括：给发明报偿奖励以刺激发明活动，鼓励将发明公开，使公众能够掌握这种知识；促使发明项目的生产利用。”说白了，谁拥有专利权，谁就会拥有靠它致富的权利，这是科学家应有的待遇。

17 世纪以前的那些科学家们有很多发现和发明，却更多的是出于对宇宙、对世界的好奇和探究，全然没有申请专利为自己谋利的意识。比如，泰勒斯帮助尼罗河两岸的农民研究水车，纯粹是为了帮助农民减轻劳作的辛苦；还有伽利略研究望远

镜，只是为了更好地观察天体运动的规律；包括牛顿研究万有引力，也没想到后来会用这个定律找到那颗遥远的海王星。

在18世纪也有不谋福利的科学家，比如上文所说的居里夫妇，他们发现了镭却不居功获利，坚守清贫，心纯志坚，品德高尚，堪为人类之楷模。但是大多数科学家已经开始懂得用专利捍卫自己的利益了，当然，取之于民，用之于民也不失为美谈。

全世界靠发明起家的巨富当属美国发明家爱迪生（公元1847—1931年），你知道他一生有多少个发明创造吗？据统计，他一生的发明共有2000多项，拥有专利权的就有1000多项。一辈子能有这么多发明的，除了爱迪生，还真是“前无古人，后无来者”。在这2000多项发明中，他发明的留声机、电影摄影机和对电灯的完善改进，对世界有极大影响。另外，爱迪生还是人类历史上第一个利用大量生产原则和电气工程研究的实验室来进行发明研究且对世界产生重大深远影响的人。

爱迪生的成功得益于他的母亲，这位睿智的母亲保护和培养了一位为人类发展作出巨大贡献的科学家。爱迪生出生于美国俄亥俄州米兰镇，儿时家境富裕，母亲出身较好，是一位教师，知识丰富，慈和坚定。因为从小家里氛围比较宽松，好奇心特别强的小爱迪生养成了爱说爱问、遇到事情追根究底的习惯。爱迪生邻居家里养了几只鸡，爱迪生经常观察它们，看到母鸡孵小鸡的情景很好奇，母亲告诉他母鸡趴在鸡蛋上是为了孵出小鸡，爱迪生记住了这件事。第二天中午，到了吃饭的时候，爱迪生还没有回来，他的父母亲很着急，到处找他也找不到，后来，傍晚时，一个邻居在自己家的草棚里发现了他。父亲找到他时，见他一动不动地趴在一个草堆里，叫他起来，他也不肯起，父亲问爱迪生在干什么。小爱迪生这才回答说："爸爸，我在孵小鸡呀！"当他抬起身子时，身下的草堆里放着几个鸡蛋。原来，他看到母鸡会孵小鸡，觉得很奇怪，想自己也试一试。这件事被邻居们传扬开，人们都认为这孩子有点傻。

不久，爱迪生的父亲做生意失败，境况日渐清苦。为了另谋发展，爱迪生一家迁居到比较闭塞的密歇根州休伦港北郊的格拉蒂奥特堡，开始新的生活，这个地方给爱迪生留下了很不愉快的回忆。1855 年，爱迪生 8 岁了，母亲觉得孩子应该受到正统的完整的教育，就送他到当地的一所学校上学。那所学校很小，小到只有一个班级，校长和老师都是同一个人。老师是一个严厉、刻板的人，不喜欢学生太过好动，小爱迪生却是从小就有刨根问底的习惯，天真的爱迪生在上课时经常问老师一些另类的问题，比如：风是怎么产生的？一加一为什么等于二而不是四？这些问题就是现在恐怕也有人答不出，爱迪生的老师又怎么能答得出呢？老师生气了，后果很严重，因此，可怜的爱迪生上学的时间只维持了三个月，就被老师冠以"白痴""笨蛋"的名义赶出了学校，那位老师也错失一位高徒。

小爱迪生被赶出学校，天真的孩子满腹委屈，不明白自己犯了什么错。幸运的是，他有一位了不起的母亲。他的母亲南希夫人做过教师，是一个富有教育经验的人，她没有把这件事的过错压在孩子身上，她了解自己的孩子，认为爱迪生只是天真而已，绝不是老师口中的"笨蛋""白痴"，因此南希夫人辞职在家自己教授爱迪生。南希夫人很擅长因材施教，没有一味教孩子那些书本上的高深知识，而是经常给他创造条件，让爱迪生自己尝试着动手做实验，体会研究的过程，自己找到答案。南希夫人还常常表扬爱迪生独树一帜的想法，因此，爱迪生对发明创造特别感兴趣，也从此时起养成了踏实认真的好习惯。南希夫人很善于讲故事，有一次给他讲大思想家伽利略的"比萨斜塔实验"，伽利略要登上比萨斜塔，用两个不同的铁球验证物体从高处落下是不是越重的落得越快。爱迪生顿时被这个故事吸引住了，但南希夫人不仅仅让他听故事，还考他：“你觉得是哪个铁球先落下呢？”爱迪生不知道答案，南希夫人就叫他到自己家旁边的高塔上尝试。爱迪生拿了两个大小和重量不同的球并同时从高塔上抛下，结果两球同时落地。这次实验的结果深深刻在爱迪生的脑海里，为他后来走上发明之路打下很好的思想基础。

南希夫人自己是教师，喜欢读书，还经常指导儿子读书，使得爱迪生认识到书的重要性。爱迪生从小虽然经常被人质疑，但他记忆超人，能过目不忘，这种本领在读书时对他起了很大作用，他在母亲的指导下阅读了大量的书籍，如爱德华·吉本的《罗马帝国衰亡史》、大卫·休谟的《英国史》等一些史书，他也喜欢英国文艺复兴时期剧作家莎士比亚、狄更斯的著作：《李尔王》《哈姆雷特》《匹克威克外传》……他还读过托马斯·潘恩的一些著作。这些著作文质兼美，思想深邃，文学价值极高。爱迪生常常读着读着就被书中的内容吸引住了，沉迷到手不释卷，书中洋溢的真知灼见深深吸引着他，并在他的一生中产生很大的影响。

就这样过了两年，爱迪生读的书越来越多，他的想法越来越多，他也越来越喜欢钻研有趣的东西，开始对化学产生了兴趣。他征得父母的允许，在自己家中的地窖里布置了一个小实验室，摆满了瓶瓶罐罐，这方面母亲可帮不了他，只能靠自己了。爱迪生太喜欢做实验了，没有老师，爱迪生就按照教科书自己做实验，因为经验不足，经常会搞得地窖里乌烟瘴气，好在是自家的地窖，没人会去投诉。

搞实验要花钱，但家境的衰落使得小小的爱迪生不得不想办法自己赚钱买实验用具了。1859 年，爱迪生为了有足够的钱购买化学药品和实验设备，他托人找到了一份在火车上卖报的工作，虽说暂时不能做实验了，但爱迪生可不会浪费时间，只要一有空他就会看书。他还尝试自己主编周刊《先驱报》，他既是社长、记者、发行人，同时也是印刷工人和报童，虽然每天卖报卖水果够累的，可他做得兴致勃勃。爱迪生实在太热爱实验了，可是每天奔波在列车上怎么会有时间做实验呢？聪明的爱迪生百般恳求列车长，请求列车长允许把车上一间没人待的休息室改为实验室，这样在返回休伦港的途中，他就可以做实验了。列车长虽然同意了，但意外却时有发生，最麻烦的是有一次他的实验室中的化学物品突然着火，火势很大，好不容易才扑灭，但是给列车造成了损失，还被乘客投诉。列车长一气之下解雇了爱迪生，把爱迪生的实验器材扔出车外，还给了他狠狠一记耳光，导致爱迪生的一只耳朵轻微耳聋。

没有了卖报的工作，爱迪生开始自己创业，也许是家传的技能，爱迪生12岁起开始做生意，做得很好。他一边在火车上卖报纸，一边在底特律开了两家店，其中一家是卖杂志的，另一家是卖蔬菜、水果、奶油等，他甚至还低价雇佣了两个少年帮忙看店，并约定和他们分享红利。他一边做生意一边做实验，不管多累都坚持着自己的唯一爱好。

命运总是会对坚持不懈的人施以援手。1862年8月的一天，爱迪生无意中在火车轨道上救了火车站站长的儿子。这位站长对爱迪生非常感激，出于报答的心理，便传授爱迪生电报技术。这在当时没有电话、电脑的社会是个热门工作，爱迪生在这里学会了电报技术并发出了他的第一份电报。这份工作给了他很大便利，也让他得以接触到更广阔的社会空间，从而更深地了解社会的需求，为后面的发明事业做了铺垫。

爱迪生作为一个发明家却有着敏锐的投资意识，他很会把握商机，他靠发明收到的第一桶金是一台自动记录投票数的装置带来的。1868年年底，爱迪生以报务员的身份来到了波士顿，当时，人们正在投票选举国会议员，千万张选票像雪片一样源源而来，数票数的人累得头晕眼花。他看到这种情形非常麻烦，于是动了念头准备造一台机器以方便人们计票，而且他还认为选举国会议员不缺钱吗，这钱应该很好赚。于是，他日思夜想，很快琢磨出一台自动记录投票数的装置，为此他还郑重地申请了人生中第一项发明专利权。虽然后来这台装置没有如预料那般给他带来丰厚的利润，但毕竟是他人生中的第一次成功发明，爱迪生还是很兴奋。

从此，爱迪生的发明事业如江河奔流，一发不可收拾。1869年，爱迪生与富兰克林·波普联合创办“波普—爱迪生”公司，专门经营电气工程的科学仪器，与此同时发明了普通印刷机；1874年12月，爱迪生发明了同步发报机；1877年，爱迪生发明了第一台留声机，还改进了早期由贝尔发明的电话，并使之投入了实际使用。爱迪生的发明大大小小总共有2000多项，这些发明都给爱迪生带来了很多的好处，其中有1000多项还获得了专利权，有谁想利用爱迪生的发明就必须经过他的许可，爱迪生这一生可说是名利双收。

爱迪生很有经商头脑，但他也有科学家搞研究的那种执着。他对人类最大的贡献恐怕要算电灯了。但是你知道吗？最初电灯的发明者并不是爱迪生，而是英国一

位名叫汉弗里·戴维的化学家。但他发明的铂丝通电的“电烛”都只能在实验室里发光短短的一瞬。而另一位英国电技工程师约瑟夫·斯旺制成的以碳丝通电发光的真空灯泡发光也不能持久，这样的发明对人们的生活起不到什么大的影响。但是当有关斯旺的电灯泡的报道一传出来，就引起了爱迪生这位发明大师的兴趣，他敏锐地意识到如果这项发明能利用好将是一个了不起的创举，也会带来滚滚财源。于是他决心把灯泡研究明白，利用好电的作用，使之能持久地为人服务。

科学的道路总是充满奋斗者的艰辛，爱迪生最初也是屡屡失败，但他毫不气馁，屡败屡战，只是试用合适的灯丝，他就足足试用了接近1600种材料，带着实验人员连续奋战三年。他开始采用了竹炭丝，为了寻找适用的竹子，他派出人员到世界各地寻找，试验了6000种左右，最后发现日本竹子所制碳丝最为实用，可以持续点亮1000多个小时，这就是1880年发明的“碳化竹丝灯”。这下子，电灯走进了千家万户，给人们带来了持久的光芒，人们尝到了电灯的甜头，一时间，人们都称赞爱迪生是光明使者。但爱迪生不满意，他总觉得还有更好的材料适合做灯丝，于是，他带着研究人员继续夜以继日地探索。期间，他不断改进技术，最终确定以钨丝作为灯丝，称之为“钨丝灯”，并定型使用至今，爱迪生也由此成为公认的电灯发明者。

继爱迪生之后，发明家们层出不穷，美国的亨利（公元1797—1878年）发明了电报机，莫尔斯（公元1791—1872年）又发明了电报码，新闻从此真的成了新闻。要是没有电报的话，英国发生的事情，美国的报纸起码要一个星期以后才知道。19世纪末，意大利的马可尼（公元1874—1937年）和波波夫（公元1859—1906年）同时发明了无线电报。要知道，我们现在用的手机其实都是由无线电报而来。

化学的进步给世界带来的变化也非同小可。例如，塑料就是我们现代生活不可或缺的一种基本原料，买菜、吃饭、睡觉、装修，还有汽车、飞机、手机、电脑、MP3的制造都离不开塑料。第一种能称之为塑料的是赛璐珞，是由一个美国印刷工人海厄特（公元1837—1920年）研究出来的，并在1870年取得该项专利，从此塑料走进人们的生活。还有发明巨匠诺贝尔（公元1833—1896年）的火药，不但能更有效地开采矿石，还可装到炸弹里。不过鉴于炸药对和平是极大的威胁，于是诺贝尔基金会成立了，他想用奖励科学家的办法赎回炸药对这个世界造成的所有罪孽。

19 世纪末，科学家们也大大地发展了医学，伦琴（公元 1845—1923 年）偶然间从无缘无故曝了光的底片中发现了 X 射线，从此 X 射线不但成了放射医学的开端，也让原子物理学走向现代。药品阿司匹林以及各种合成的药物把名不见经传的小作坊拜耳和许多制药厂打造成世界著名的医药公司。而谁也没想到的是，阿司匹林在发明 100 多年以后，医生们又发现了它的新功能。看，科学家的发明对人类有着多么大的影响啊！

在这里，还是要说一说英国1624年制订的《垄断法规》，随着法规的推行，开启了现代专利法的普及，从1764年英国人哈格里夫发明珍妮纺纱机开始的第一次工业革命，到电力的广泛使用的第二次工业革命，那是一个发明井喷的时代，那是科学家展现才智的时代，一时，无数的专利申请像雪片一样飞来。

这要感谢专利法的实施保护了科学家，保护了发明权，这其实是一个双赢的事情。发明家申请了专利后，激发了科学家的发明欲望，就像蒸汽机和灯泡不但成了改变世界的动力和照亮夜晚的明灯，也为瓦特和爱迪生赚到了更多的金钱，有利于更大限度地投入到更深的研究中。而科学家的专利一经公布，任何一个希望用这个专利的人或工厂都可以使用，大大提高了工作效率，增加了工厂的利润。而发明家则从专利费中得到利益。因此，每个人自觉遵守法律，保护科学家的知识产权，也是在保护自己，保护这个世界。

第二十一章
带领人类飞翔的人

飞上天空是人类长久以来的梦想。古代的人们看到鸟儿飞翔就会羡慕而产生各种幻想，比如中国古代的神仙人物都会在天空飞行，而西方的神话中也有传说中长着双翅的天使，诸如此类的例子从古到今的文学作品中简直比比皆是。

嫦娥奔月的故事我们都已经是耳熟能详了，这代表了古代人对地球以外世界的美好期盼，也说明在古时候，人们就有了对太空的向往和探索欲望。中国古代人的“天”，就是指人们头顶上像星星或太阳一样的圆形物体，它离我们很近很近，近得仿佛一伸手就能摸得着，所以嫦娥才能曼舒广袖飞向月亮。无独有偶，在埃及的万神庙壁画里，埃及诸神的头顶上也都有一个球形物，或者手持圆球。研究者认为，埃及诸神的造型，本意与中国甲骨文相同，诸神来自天，头顶上的圆形物就是天，这是古代人类对天空的认识和追求。到了现代，人类的飞天梦依旧，1865 年法国小说家儒勒 · 凡尔纳出版的科幻小说《从地球到月球》中独出心裁地讲述了法国冒险家米歇尔 · 阿尔乘一颗空心炮弹到月球去探险的故事。故事中炮弹并没有在月球上着陆，却在离月球 2800 英里的地方绕月运行，后来在续集《环绕月球》中，还写了他们环绕月球所见及最终返回地球的过程。令人称奇的是，凡尔纳写这本小说的时候，人类还没有实现飞天梦，甚至还没有离开地球两米。

那么究竟是谁让人类最终可以飞起来的呢？这就要归功于莱特兄弟了！莱特兄弟的故事大家都比较熟悉吧？美国飞机发明家哥哥威尔伯 · 莱特（公元 1867 年 4 月 16 日—1912 年 5 月 30 日）和他的弟弟奥维尔 · 莱特（公元 1871 年 8 月 19 日—1948 年 1 月 30 日）。莱特兄弟是美国俄亥俄州人，父亲以前是一个木匠，母亲是一位音乐教师，大概是父母的遗传吧，莱特兄弟从小既擅长动手制作又富于幻想，他们对机械装配怀有浓厚的兴趣，莱特兄弟的屋子里总是这里一个小风车，那边一个歪歪斜斜的小板凳，到处散落着铁钉、发条和一些散碎零件，乱七八糟的。温柔的母亲从不责备他们，总是默默地帮他们整理好。做手工经常需要更换零件和配置合适的器材，兄弟俩为此经常去别人的修理厂捡拾人家丢弃的零件，但能用的不多，他们只好用自己的零花钱去买零件，有时不但花光自己的零花钱，还常常需要向父母筹钱。但幸运的是，他们的父亲米尔顿 · 莱特非常开明，从不指责他们大手大脚买材料的行为，反而支持孩子，还敦促孩子们尽量多挣钱来弥补他们创造性劳动所需要的开销。他也常常利用闲暇时间和孩子们一起搞点小制作，给孩子们提出一点建议和帮助。

莱特兄弟很小就学会创造价值，但他们并不是守财奴，他们常去野外观察鸟类，对鸟儿飞天的技能十分羡慕，野外常有小动物的尸骨，这是做磷肥的好原料，他们就一边观察，一边捡拾动物骨头，卖给磷肥厂。他们擅长制作，做出的风筝飞

得又高又稳，邻居的孩子都很喜欢，他们就做出漂亮的风筝，还有会自由转弯的雪橇卖给邻居，然后将挣来的钱购买实验材料，去做自己喜爱的实验。米尔顿·莱特很支持他们这样做，他常对孩子说：“人们需要钱，是为了让他不成为别人的负担，有了这些钱那就足够了。”

这位慈祥睿智的父亲不仅给了孩子们宽松自由的成长环境，在莱特兄弟伟大的飞行之路上也立下了指引之功。那是1878年的圣诞节，家里充满了圣诞节的欢乐氛围。兄弟几人都期盼着去集市买东西的父亲早点回来，因为今天每个人都会有一个礼物，父亲的礼物一向都很用心，投孩子所好，是孩子们最盼望得到的。

终于，父亲回来了，父亲给他们带回来了一个怪怪的玩具，外形有点像十字架，有个小的机关，缠绕着橡皮筋。两个小家伙有点奇怪，本以为父亲带给他们更有用的工具呢。爸爸告诉他们，这个玩具虽然小，但能在空中高高地飞。它会飞？没有翅膀也会飞？兄弟俩经常观察鸟类，知道没有鸟类的翅膀是无法飞行的。父亲看出来两个儿子的怀疑和失望，他微微一笑，先把玩具上面的橡皮筋一圈一圈紧紧地扭好，就像给机器上发条一样，直到拧不动为止。父亲一松手，哇！小小的玩具居然就带着风声，旋转着向空中飞去，直到橡皮筋的劲力用完才落下来。这下子，

莱特兄弟高兴起来了，他们觉得自己也能造一个这样会飞的玩具，于是什么都不顾了，专注地拆卸起这个玩具，研究它是怎么飞上天空的。后来，两兄弟果然也造出了几个类似的会飞的玩具，只是不能太大，大了就飞不起来，这是为什么呢？能不能造出更大的会飞的玩具呢？这件事给兄弟俩心里埋下了一颗科学的种子。从那以后，这个愿望一直影响着他们。父亲和母亲告诉他们，有些难题需要多读书，也许答案在书里藏着呢。他们很听话，为此读了大量的书。《华盛顿·欧文文集》、格利姆和安徒生的童话故事、普卢塔克的《列传》、一套《旁观者》、一套阿狄生的散文集、包斯威尔的《约翰逊的一生》、《华尔德·斯科特文集》、吉本的《罗马帝国的衰亡》、格林的《英国史》、吉佐的《法兰西》、几本纳撒尼尔·霍桑的著作、马雷的《动物机器》……他们把父亲书房里的书几乎翻了个遍，遇到有趣的就一起分享，其中他们最喜欢的还是那一套《大英百科全书》和《钱伯斯百科全书》，几乎是百读不厌，当然，他们也从中受益匪浅。

莱特父亲做了教士后，眼界更加开阔起来，他总是和孩子们谈论教区里的事情，觉得需要靠一种大家喜闻乐见的媒介引导民众的思想。莱特兄弟受父亲影响，决定办一家报纸，帮助父亲更好地管理教区。于是，两个小小的高中生就开始尝试办报纸，他们觉得现有的印刷方式太过滞后，于是两兄弟合作在 17 岁那年自制了一台高速印刷机，一起创办了一个小型的印刷厂——“莱特小件印刷社”。果然，他们的工作得到了父亲的赞赏，随着印刷业务的发展，兄弟二人不断更新印刷机，由于他们勤奋工作，事业开始蒸蒸日上。

莱特兄弟的印刷厂开得很好，也赚了一些钱。兄弟俩很会投资，看准了人们对自行车的狂热喜爱，又开了一家自行车修理店。可是兄弟俩还是对自己童年时代的梦想念念不忘，一有机会就去研究关于动力飞行的机械。这时候也有人对动力飞行感兴趣，并且进行了画像飞行试验，莱特兄弟俩也在默默地研究着。1896 年，德国航空研究者奥托·李林达尔（又译奥托·李林塔尔）在一次滑翔飞行中不幸遇难的消息传来，莱特兄弟俩听说了这个消息后，一方面为李林达尔的死感到惋惜，一方面也更加慎重仔细地进行对动力飞行的研究。他们对李林达尔的失败进行了一番总结，开始十分注意直接向活生生的飞行物——鸟类学习。他们常常仰面朝天躺在地上，一连几个小时仔细观察鹰在空中的飞行，研究和思索它们起飞、升降和盘旋的原理。结果，他们受到启发，得到许多新颖想法，而这些想法都在以后的航空工业中得到了应用。

万事俱备，只欠东风。莱特兄弟终于进入了飞行器的研制阶段，这是个烧钱的事情，宛如无底洞，没有大量的资金是没有办法进行更好的研究的。开始时，名不见经传的莱特兄弟俩没有找到什么投资商，于是他们用做自行车生意赚来的钱进行飞机的研制。他们仔细研究了前人的试验数据，再通过大量风筝、滑翔机以及风洞试验做验证，设计出了最佳的机翼剖面形状和角度，以便获得最大的升力；然后决定把一般大小的机翼增大一倍，达到 308 平方英尺。莱特兄弟比李林达尔聪明之处是，他们设计了通过直接控制机翼来操纵飞机飞行姿态的机构，同时，在飞机整体的升力增加后，飞机对于驾驶员自身位置的变化也不那么敏感了，这就使得飞机尽管机翼面积大大增加，但可操纵性能并没有比小机翼飞机降低！

理论是一回事，实践又是一回事。实验的过程并不是如想象的那么顺利。

据统计，1900—1903 年，他们一共制造了 3 架滑翔机并进行了 1000 多次滑翔飞行，还自制了 200 多个不同的机翼进行了上千次风洞实验。这许多的实验没有白

费，他们一次次记下飞行中的数据，一点点对比研究着，他们不但修正了李林达尔一些错误的飞行数据，还动手设计出了较大升力的机翼截面形状，在飞行器制造技术方面取得了重大突破。莱特兄弟俩遇到的最大困难是缺少一台特制的航空发动机，要知道一台好的发动机是飞行器飞翔起来的灵魂啊！可是当时他们资金不足，也没有哪家公司肯帮他们无偿制造他们设计的航空发动机。

此时，他们研制的滑翔机已经多次滑翔实验距离超过 1000 米，远远超过了李林达尔的数据，兄弟俩对自己的成果很有信心。于是，他们拿出自己实验的数据，费尽口舌，终于说服了著名机械师查尔斯·泰勒（Charles Taylor）来帮他们制造发动机。泰勒被兄弟俩打动，按他们的要求制造了一台大约 12 马力、重 77.2 千克的活塞式发动机，一切都取材于简陋的原材料，甚至连自行车的链条都利用上了。现在有了发动机，莱特兄弟俩日夜赶工，亲手组装飞行器，他们对这台飞行器投入了全部的感情，给它起名叫“飞行者一号”。当飞行器终于组装好那一刻，莱特兄弟简直舍不得离开一秒钟，只盼着他们的飞行器早日飞上天空。

奇迹终于发生了！1903 年 12 月 17 日这天清晨，在美国北卡罗来纳州基蒂霍克一处叫作“斩魔山”的小山坡上，借着风势，“飞行者一号”缓缓发动起来。奥维尔和威尔伯互相配合操纵着“飞行者一号”，他们就如操纵了它无数次似的，熟练地握着木制操纵杆，开动发动机并推动它滑行。发动机工作起来了，机身先是剧烈震动起来，但兄弟俩没有害怕，继续缓缓操纵着机器，果然几秒钟后“飞行者一号”便在自身动力的推动下从“斩魔山”上缓缓滑下，机身滑翔得越来越快。感觉到速度差不多了，威尔伯轻轻松开控制杆。哇！庞大的“飞行者一号”居然像小鸟一样离地飞上了天空。地上的观看者们欢呼惊叹不已，拍下了照片。天空中，莱特兄弟俩也同样兴奋。那天他们轮换着进行了三次飞行，过足了飞行瘾。在当天的最后一次飞行中，威尔伯在 30 千米的风速下，用 59 秒飞了 260 米。从那天起，人类动力航空史拉开了帷幕，从此，人类飞上天空的梦想终于实现了！不过，不像凡尔纳小说里写的那样乘坐大炮飞上天空，而是乘坐人类自己制造的飞机飞上天空以至宇宙！

人类飞上了天空，可是好奇的人类还是不满足，人们还想要和嫦娥一样飞到月亮上去，飞到那些看起来光彩耀目的行星上去，飞到广袤的太空去。于是，为了人类的需求，飞行器还得改进，而这样的飞行器是另外一些科学家研究出来的。

人们当时已经认识到要想飞出地球，首先必须克服地球的引力，要达到飞行速度每秒 8000 米以上，只有这么快才可以逃离地球。这个速度在当时确实是件非常困难的事儿，不过人类的伟大就在于有神奇的梦想，而且还不断实现着自己的梦想。

在航天史上值得敬佩的是号称俄国航天之父的康斯坦丁·齐奥尔科夫斯基（公元 1857—1935 年）。齐奥尔科夫斯基本来是一位普通的中学数学教师，他的航天故事很有趣，换而言之，他简直是所有理科生的榜样和噩梦！

齐奥尔科夫斯基童年是不幸的。他很孤独，因为他从小得了猩红热，留下耳聋的后遗症，他无法上学，没有朋友。他又不孤独，因为童年时的齐奥尔科夫斯基就极其聪明，他跟随母亲自学，特别喜欢数学，为了解除孤单，他还会给自己制作精美的自己会动的玩具。他最喜欢读书，父亲的书房是他漫游的天地，这些图书给他打开了一扇灿烂辉煌的世界大门。16 岁那年，父亲送他到莫斯科学习，他简直如鱼得水，整日埋头于莫斯科大图书馆，孜孜不倦地学习着。他在这里自学了多门中学和大学课程，尤其是高等数学。他在这里接触了一些天文知识，了解了神秘的宇宙后，他渐渐产生了宇宙航行的思想。他试探着自己画了好几张太阳系的图，其中有载人的小行星，这仿佛若干年后的小型航天飞行器。

他是这样地刻苦学习，尤其是喜爱数学，对数学研究颇深，所以后来他成为家乡莫斯科南边偏僻的乡村里一所中学的数学老师。孩子们都非常喜欢这位看起来慈祥可亲的数学老师，而且这位老师的数学那么厉害，什么问题都难不倒他，他还会耐心地教他们一些解决数学难题的小秘诀。不过令他们感到奇怪的是，这位老师在课余时间总是写写画画一些星星、宇宙之类的问题，他们可弄不懂。就这样，齐奥尔科夫斯基在中学里一边教孩子们学数学，一边在课余时间研究各种关于飞行的事情。当时在莱特兄弟的带领下，人类已经解决了飞机在空气中飞行的事情，飞机的速度已经很快了，但是还没人敢于研究飞出地球的问题，飞出地球在当时看来几乎是不可能的。因为人们都已经知道在地球之外没有空气，人类无法存活；另外要克服地球的阻力那需要多快的速度才能飞出去呢？齐奥尔科夫斯基保持着自己的科学梦想，并在 1896 年写了一篇著名的科学幻想小说——《在地球之外》，主要写的是 2017 年，20 名不同国籍的科学家和工匠乘坐自己建造的火箭飞船飞出大气层，进入环绕地球的轨道，处于有趣的失重状态，可他们团结互助，建成了大温室，种出了足够食用的蔬菜、水果。他们还穿上宇宙飞行衣从飞船里出来，漫游太空。然后，飞船又飞向月球，其中的两个人乘一辆四轮车在月球表面着陆，考察一番之后又点燃火箭离去，与在环绕月球的轨道上等候的母船会合。受这批先驱鼓舞，地球上的人们也大量转移到外层空间，住进环绕地球轨道上的温室住宅。而那20名探险家则继续飞到了火星附近，途中曾在一颗无名小行星上降落。旅途漫漫，许多年过去了，最后，他们成功地返回了地球，重新住进了建在喜马拉雅山上的科学城堡。在他的小说里，不仅弥漫着他对太空的梦想，也有他精妙的追寻太空的思想和预言，比如，在他的科幻小说中，提到了宇航服、太空失重状态、登月车等，而这些设想和现代太空技术完全一样。看起来齐奥尔科夫斯基也算是预言家了，他终生心驰神往、魂牵梦绕的星际航行和太空移民，当前看来也不是不可能实现的。

齐奥尔科夫斯基对于宇宙的追寻，不仅在于写了有趣的科幻小说，他还认真研究了牛顿万有引力定律和第三定律（作用力与反作用力定律），他不断思索，不断研究。1903年，他的一部著作《利用反作用力设施探索宇宙空间》发表了。在这本书里，齐奥尔科夫斯基首先提出了利用液氧和液复做为燃料的多级火箭的理论，他还计算出进入地球轨道的速度是每秒8000米，给后来人很大启发。虽然他说的这些并没有一样能真正去亲自实践过，但他不气馁，他有一句名言："地球是人类的摇篮，但人类不可能永远生活在摇篮里。"时至今日，他的预言和理论仍然有着指导意义。

在飞机之后，翱翔于太空的就是火箭的发明了。说起火箭，其实它起源于我们中国，中国古代的火箭就是现在火箭的鼻祖，起先它是历史悠久的投射武器，早在宋理宗绍定五年（约公元1232年）宋军保卫汴京时，便已用来对抗元军，后来火箭技术经由阿拉伯人传至欧洲。火箭真正崛起在大西洋的另一边，是美国科学家罗伯特·戈达德（公元1882—1945年）发明的。戈达德的太空梦起源于他年轻的时候看过的威尔斯的科幻小说《星际战争》，这个故事给了戈达德很大的启发，激发了一个16岁少年的太空梦。可怎么才能去看看是否有那个星际空间呢？能否造出一种飞行器飞上太空呢？虽然戈达德没有看到过齐奥尔科夫斯基的理论，他纯粹是凭着自己的能力和想法在研究，但是他的研究取得了举世瞩目的成就。他研究出多级火箭以及用氧气和氢气做燃料的方法发射了世界上第一枚液体燃料火箭。虽然这次发射没有飞得很高，但它让科学家们终于找到飞出地球的真正办法了。高达德从此

被公认为现代火箭技术之父。为纪念这个顽强的科学家，美国国家航空航天局的主要基地被命名为高达德航天中心。

历史发展到今天，无论是飞机还是人造火箭，早就成为人们熟知的事物，它们也在科学家的研究下不断改进着，使人们的生活更快捷、更方便，也帮人们实现探索宇宙的梦想。未来的飞天航行器又是什么样的呢？我们期待着无数个莱特兄弟、齐奥尔科夫斯基和戈达德这样的科学家出现在世界上，为人类造福。

第二十二章 炸药与诺贝尔的故事

提到诺贝尔奖，世界上几乎无人不知，它是瑞典化学家诺贝尔生前设立的一个奖项，共设立物理、化学、生理或医学、文学及和平五种奖金，在世界范围内，诺贝尔奖通常被认为是所颁奖的领域内最重要的奖项。历年来获取诺贝尔奖的无不是在这些领域对人类作出重大贡献的人。像居里夫人曾荣获两次诺贝尔奖。人们在感谢诺贝尔之余不禁更加好奇了，诺贝尔为何捐献亿万财产设立这些奖项？诺贝尔奖风光的背后究竟藏着什么秘密呢？

提到诺贝尔奖，世界上几乎无人不知，它是瑞典化学家阿尔弗雷德·伯纳德·诺贝尔（公元1833年10月21日—1896年12月10日）生前设立的一个奖项，共设立物理、化学、生理或医学、文学及和平五种奖金，在世界范围内，诺贝尔奖通常被认为是所颁奖的领域内最重要的奖项。历年来获取诺贝尔奖的无不是在这些领域对人类作出重大贡献的人。像居里夫人曾荣获两次诺贝尔奖。

人们在感谢诺贝尔之余不禁更加好奇了，诺贝尔为何捐献亿万财产设立这些奖项？诺贝尔奖风光的背后究竟藏着什么秘密呢？

诺贝尔于1833年10月21日在瑞典首都斯德哥尔摩出生，从小身体病弱。诺贝尔的父亲伊马尼尔·诺贝尔是一位颇有才干的发明家，喜欢搞化学研究，曾经自己开工厂，一度生意兴隆过，但在诺贝尔一岁时由于一场大火把家业烧了个精光，意外导致破产。诺贝尔的父亲是个坚毅勇敢的人，不肯就此认输，他一直痴迷于研究炸药，打算换个地方继续发展，因为他坚信这是他翻身的唯一凭仗。诺贝尔的母亲是一位名门闺秀，诺贝尔的文学细胞和浪漫因素应该是来自母亲。诺贝尔的父亲破产后远走圣彼得堡，打算寻找机会重新开始自己的事业，而诺贝尔的母亲就带着孩子们在家里，虽然清贫，但是母亲将诺贝尔和哥哥弟弟教育得很好。诺贝尔9岁时，母亲送他去学校读了一年正式的学校，接着诺贝尔的父亲在圣彼得堡发明了鱼雷，开办工厂发了财，因此踌躇满志地把全家接去了圣彼得堡。本来该读二年级的小诺贝尔来到异地他乡，由于言语不通，无法就读圣彼得堡当地的学校，只能由父亲请了两位家庭老师指导学习。

诺贝尔在学习中遇到了好多困难，首先是语言关不好过，但诺贝尔不怕，他从小像父亲的性格，勤奋好学，坚韧勇敢，好奇心也很强。为了学好俄文，他摸索到一种好办法，他找来一些俄文名著自己尝试译成瑞典文，再把它翻译成俄文，还别说，这样的学习效率极高，很快他就掌握了俄文。后来他又用这种方法自己学会了英文、法文和德文，那些读得滚瓜烂熟的俄文名著让小诺贝尔积累下深厚的文学功底，也在他心里埋下了一颗热爱文学艺术的种子。长大后的诺贝尔，即使工作再忙碌，他也要偷闲去读读自己喜爱的小说和诗歌。他特别喜爱英国人的作品，如雪莱、拜伦和莎士比亚等人的作品，他精读细品，回味无穷，甚至一些英国不怎么著名的作家的作品他也极力拜读。他也喜爱雨果、莫泊桑、巴尔扎克、左拉、果戈理、陀思妥耶夫斯基、托尔斯泰和屠格涅夫等人的作品。他还评价过易卜生、比约

NO
NO
NO

恩森、加博格、基兰等人的作品，他特别喜爱这些哲学著作，曾说："饭可以不吃，哲学书不可不读。"也许正是哲学的思辨和文学的想象力，推动了他的科学发明。成名后，他和一些文艺作者也有来往，其中和法国大文豪雨果有很深的交情。

年轻的诺贝尔还是个善良专情的人，在法国求学时曾遭受过痛失爱人的痛苦，他把这份痛苦埋在心底，据说一生未婚。也许是为了抒发心中的郁闷和孤独情感，他极喜爱写诗，写过自传体式的长诗《一则谜语》。年轻的诺贝尔才华横溢，他不但写诗，30 岁那年还写了一部名为《兄弟》的小说，后来又写过一部《非洲的光明时代》的历史小说。1885 年，诺贝尔还写过一部《专利病菌》的喜剧。1896 年临去世前，他又出版了一部叫《复仇女神》的悲剧。如果诺贝尔不是在发明炸药方面付出了太多的精力，也许世界文坛历史上又会多出一颗明星呢。

由于受传统观念影响，诺贝尔的父亲很器重自己的长子，打算把家业由大儿子继承，但是小诺贝尔坚韧勇敢的表现，也赢得了父亲的喜爱，他经常带孩子们去自己的工厂参观和实习。有一次，他父亲带孩子们去观看化学家西宁进行硝化甘油爆炸力的试验，想让孩子们长长见识。只见西宁把一小盒黄黄的硝化甘油倒了一点在铁砧板上，工人把锤子砸在铁砧板上，受到打击的硝化甘油立即发生爆炸，火光四溅，浓烟滚滚，巨大的冲击力把铁砧板都炸开了。小诺贝尔被这奇妙的现象惊呆了，他不但毫不害怕，反而缠着化学家了解这种爆炸力极强的东西到底是怎么回事。西宁教授告诉他，这种东西威力极大，可以用来开矿凿山，如果能找到控制它的方法，会得到军方和政府的极大重视。顿时，诺贝尔被它的无穷魅力迷住了，他决心要找出一种控制硝化甘油爆炸的方法，并找到控制爆破的新动力。他从此兴趣极浓地跟着父亲学习了解炸药，以至于他的整个童年几乎是在轰隆轰隆的爆炸声中度过的。

的确，化学家西宁给他介绍的就是硝化甘油，是意大利化学家索布雷罗（公元 1812—1888 年）在 1847 年发明的。他用硝酸和硫酸处理甘油，无意中得到一种黄色的油状透明液体，类似甘油，但又和甘油不一样，于是给它起名叫硝化甘油。他发现这种黄色的透明液体性能极不稳定，是个闯祸精，只要遇到稍微强烈的振动就会引起爆炸，威力奇大，控制不好简直是殃及四邻，化学家自己就被它炸伤过。最让化学家头疼的是没有什么好办法储存它，放到容器里稍一震动就会爆炸，露天存储更不行，只要存放时间一长就会分解掉，完全失去效用，根本无

法被人类利用。

关于硝化甘油的破坏威力，开始人们没有意识到，以为和其他物品一样只要封闭好就没什么事情。直到有一次，一位德国旅客到纽约旅馆投宿，他有急事外出，就小心翼翼地把一个小盒子存放到服务台。服务员不知道盒内装的是硝化甘油，随手放在椅子下面。谁知，过了一会儿椅子不小心碰到了这个盒子，服务员忽然发现小盒子直冒黄烟，顿时慌了，因为顾客警告过他不能碰撞这个盒子，否则会有危险。他惊慌失措之下，把盒子抓起来就扔到了门外，只听“轰”的一声，门外烟尘弥漫，原来里面的硝化甘油爆炸了，把马路炸出一个深坑，附近的房子都受到了波及，玻璃震得粉碎。人们吓坏了，以至于很长时间内人人抵制这种液体炸药。

面对硝化甘油的坏脾气，索布雷罗研究了好几年也没能真正了解和处理好它。诺贝尔的父亲对它很有兴趣，也在研究它，还特地请索布雷罗来介绍这种新型化学爆炸品。眼见自己的研究毫无进展，诺贝尔的父亲决定送 17 岁的诺贝尔去美国跟随研究化学的俄罗斯教授 Nikolay Nikolaevich Zinin 学习先进的化学知识，试着找找解决这个难题的方法。

诺贝尔在美国学习了一整年。一年里，诺贝尔跟随教授学习了许多化学知识，还学习了有关各种机械的技术。他的勤奋踏实得到教授的赞赏，教授还带他一起从事热空气引擎的研究工作。热空气引擎也就是今天的燃气轮机，在当时还没有普遍使用。诺贝尔从这项研究中了解了物体燃烧发热使气体膨胀产生力量的原理，并学习到许多新的知识，真是获益匪浅。诺贝尔非常努力，他一边学习科学知识，阅读了大量化学方面的书籍，还一边坚持打工，见识了许多商人经商的手腕，也见识到商人另一方面的尔虞我诈，为以后的研究炸药和经商打下了坚实的基础。

诺贝尔还是个情感丰富的少年，在孤单想家的时候，诺贝尔就去读书，他喜爱那些文笔优美的名著，他有时边读大诗人雪莱著名的诗句，边尝试着抒发自己的情感，也因此学会了写诗。第二年，他告别了教授，来到美丽的巴黎。他在这里留下来，一方面想学习化学和科学，一方面为巴黎的魅力而迷醉。幸运的是，他在这里遇到了自己的爱情，和一位美丽的女子相爱，但遗憾的是，他所深爱的少女不久竟因病去世了！这个打击，使诺贝尔悲伤不已，在参加少女的葬礼之后，他就回到了圣彼得堡，和父亲、哥哥和弟弟研究炸药，专心致力于自己的理想与事业。

这一次，诺贝尔的父亲让诺贝尔专门负责技术方面的问题，诺贝尔孜孜不倦地

研究着。可是天有不测风云，一场事故导致诺贝尔父亲再次破产，这回，诺贝尔的父亲回到了瑞典老家，期望在那里重整旗鼓。诺贝尔没有跟随父亲离开，而是凭借自己的力量继续留在圣彼得堡，筹备力量，继续研究炸药。

诺贝尔忘不了儿时看到的硝化甘油的神奇威力，一心想利用硝化甘油研究出新型的炸药，他利用自己学过的化学知识做了无数次试验，后来终于发明了点燃爆炸之光的雷管。一次，诺贝尔尝试着把一点硝化甘油装入小玻璃管中，再小心地放到一个四周塞满黑色火药的罐里，点燃导火线后，只听“轰！”一声巨响，那一罐炸药却爆发出胜于往常的惊人的威力，顿时，诺贝尔的实验室里滚滚浓烟四起，门窗震得粉碎。外面的人闻声赶来，却看不见诺贝尔，都以为诺贝尔给炸死了，都议论着怎么通知警察。可没想到诺贝尔竟然从屋子中爬了出来。他遍体鳞伤，但大笑不止：“我成功了！我终于成功了……”

试验成功了！这种威力奇大、能使火药完全爆炸的小玻璃管，便是诺贝尔的发明物“雷管”，诺贝尔还取得了这项发明的专利权。这项发明是自黑火药发明后，炸药科学上一个最大的进展，一直到今天，人们仍在使用这一伟大发明。

诺贝尔的新型炸药的发明给了父亲极大的希望，这下子诺贝尔的父亲又有了重新创业的精气神，父子几人又一起开起了工厂，制造新型炸药。诺贝尔发明的雷管，使硝化甘油第一次能安全地使用于矿山、隧道的爆破工程，一时，诺贝尔的工厂生意很是兴隆。可是，这种新型炸药性能还是不够稳定，运输不易，容易出事，大批量生产和运输炸药都有很大危险。诺贝尔看在眼里，急在心上，他仍旧默默研究这种炸药，希望能改良它。

1868 年 2 月，瑞典科学会授予诺贝尔父子金质奖章。成功的花朵总是浸透着前行者的血汗和泪水，甚至夺取他们的生命。1864 年 9 月 3 日，在瑞典首都斯德哥尔摩，诺贝尔家住宅附近实验室的硝化甘油突发爆炸事故，使从事实验的五个人全部死于非命，其中包括诺贝尔最喜爱的弟弟卢得卫，他的父亲也受了重伤。这次失败让诺贝尔深受打击，病体更加虚弱，以至于不得不休息一段时间。诺贝尔的父亲也因此而病倒，母亲失去幼子心痛不已，终日以泪洗面。然而坚强的诺贝尔没有一蹶不振，而是从悲伤中重新再奋起，他勇往直前，决不畏缩。

经受这次重大事故后，民众和政权机关视诺贝尔的试验如猛兽毒蛇，严禁诺贝尔火药工厂复业，并不准许他们在离市区 5 千米内做这项危险试验，还有许多流言蜚语接踵而来。诺贝尔不听也不怕，他万般无奈之下买了一艘大船做实验室，到空无一人的水面上做试验。诺贝尔在那里发明了一种使硝酸甘油稳定的方法，至今已发展到数百种配方，但原理都是把硝酸甘油和挥发性低的次级炸药、各类其他配料、黏结剂、填充料等混合在一起，如硝化纤维、硅藻土，等等。

虽然硝化甘油炸药又生产出来了，但由于爆炸事件的发生，人们心有余悸，虽然当时正值工业革命时期，蒸汽机轮船、电灯等先后问世，世界都在蓬蓬勃勃地建设大型的城市，但并没有人敢购买诺贝尔家的炸药。“这可怎么办？”诺贝尔心想，“没有人敢使用，我的努力岂不是白费了？”他展现了自己经商方面的奇才，重视宣传的力量，并邀请人们光临实验室，亲手做炸药安全引爆示范。渐渐地，人们看到诺贝尔的实验都没有事，也就相信了这种炸药的作用，再说，本来人们就急需这种有益建设的好帮手，于是，诺贝尔工厂的订单又源源而来。

最开始急于订购的都是些矿商，矿商的生意贵在速度，由于这种新型炸药爆发的威力大，改进后又变得安全了，无论是开山采矿还是铺路修桥清理障碍，从未发生意外。面对从未有过的如此高效的采矿速度，再看看滚滚而来流向口袋里的票子，矿商们不禁个个喜上眉梢，口口相传，都对诺贝尔的炸药赞不绝口。同时，其他国家的人听说了诺贝尔发明的炸药如此神奇，纷纷前来订购，甚至瑞典也来采购诺贝尔制造的炸药了。诺贝尔很是激动，索性一鼓作气先后到德国、法国、英国等国家和地区去开设火药工厂。从 1886 年到 1896 年的 10 年间，诺贝尔跨国公司遍地开花，扩张速度极快，竟遍及 21 个国家，拥有 90 余座工厂，雇工也多达上万人。诺贝尔终于凭借自己的力量建立了一个庞大的工业和商业帝国。

诺贝尔不同于那些暴发户，他虽然发了大财，但自己很低调，一边继续搞发明，一边沉稳地指挥着自己的商业帝国。得益于早年在美国接触到的一些商业知识和经验，他非常擅长应对商业界的阴谋险诈与反复无情的激烈竞争，而且面对敌人毫不留情，经营手腕之高在商界一时无人匹敌。在管理工厂方面，无论在生产、经营、技术等方面，诺贝尔都采取铁腕政策，独揽大权。他的经营模式合理又超前，至今仍为世界各大跨国公司沿袭采用，这也是诺贝尔除发明才能之外的才华的显露。

其实诺贝尔本心并不喜欢经商，骨子里流淌着浪漫血液的他更倾向于做一名雪莱那样的吟游诗人。他厌恶那些尔虞我诈的商务纠纷，他说与其进那些商务仲裁所，不如进他的技术实验室。然而现实很残酷，儿时的困苦生活和父亲的破产经历让他对财富有着很清醒的认识，在这个资本的社会里，没有钱是万万不能的，任你有天大的理想也不能敌过冷酷的现实。他努力借自己的发明赚钱，又用赚来的钱大力发展实验，去发明一些对人类有益的东西。后来他不但发明了硝化甘油的稳固性炸药，还发明了汽车自动刹车装置、石油连续蒸馏法等，共取得了 355 件专利，其中仅炸药就达 129 种，不愧是炸药之父。

诺贝尔发明的炸药不但在建设城市中起了肱骨之力，在战争中炸药更是发挥了它无坚不摧的巨大威力。不久，历史上著名的普法战争爆发了，德国在战争中用上了诺贝尔发明的新的硝化甘油炸药，法国大败，向普鲁士投降。要知道法国是诺贝尔除了祖国以外最喜爱的国家，当诺贝尔听说法国居然被他发明的炸药打败，而且在这次战争中被炸死炸伤的士兵无数，悲惨之状令人目不忍睹，他的愧疚之心油然而生。再加上他最喜欢的小弟弟也是死在自己研制的炸药下，诺贝尔一想起来就无法抑制内心的悲伤，他深深地觉得自己是带来灾难的罪人。虽然他的工厂投资合伙人劝慰他说:“炸药本身无罪，是战争带给人类痛苦的。炸药用来开矿、铺路、搞建筑，不是为人类造福的吗？”可是诺贝尔始终无法排遣内心的痛苦愧悔。

也许是终年的辛苦劳累，也许是内心的愧悔交加，诺贝尔生病了。1896 年，他的病情到了非常严重的地步，医生诊断他是心脏病，需要用硝化甘油治疗。诺贝尔躺在病床之上，深感这是命运对自己的报应，心情抑郁不已，实际上此时他不知道发明制造的硝化甘油也是一方救命的良药。自从 1878 年莫雷尔开始尝试用稀释后的硝酸甘油治疗心绞痛和降血压，此后硝酸甘油开始广泛用于缓解心绞痛，已经不知救助了多少危重的心脏病人。朋友们都劝慰诺贝尔，可诺贝尔听不进去，他的心已经被悲伤和悔恨填满。

其实，诺贝尔自从因经营硝化甘油炸药而发了大财后，他经常把大笔款项捐给慈善事业，毫不吝啬，对向他求助的穷人也总是慷慨解囊。他曾写信给哥哥谈起这件事:“我每天光是收到的求助信，就不下 20 封，估计每天支出的救济费约两万克朗以上。一年下来就得花去 700 多万克朗。长此下去，恐怕世上最富有的人也招架不住了！”

诺贝尔虽然对自己发明的炸药给世界带来的灾害而悔恨，但是他也更清醒地意识到自己所有的成绩都是这个世界给予的，要取之于民，用之于民。他开始着手身

后事。1895 年 11 月 27 日，诺贝尔立下了遗嘱：“请将我的财产变做基金，每年用这个基金的利息作为奖金，奖励那些在前一年度为人类作出贡献的人。”

那么诺贝尔的财产到底有多少呢？能持续奖励多少人呢？据说诺贝尔生前自己也不知道自己究竟赚了多少钱。有个故事说诺贝尔曾经很感谢他的一位厨娘的工作，想在厨娘准备结婚前表示一点心意，结果厨娘说想要诺贝尔一天的工资。这下可把诺贝尔难坏了，但是他的慷慨和善良又不允许自己欺骗对方，于是，他花费了几天时间才大致估量出自己每一天赚 4 万法郎左右。于是，厨娘拿着一大笔钱高高兴兴回家了。诺贝尔一生勤奋简朴，发明极多，而又善于经营实业，在欧美等五大洲 20 个国家开设了约 100 家公司和工厂，积累了巨额财富，说起来他的财产还真不是一个小数字。但是钱再多也是会花完的，诺贝尔高瞻远瞩，在他的祖国指定了

专门的基金委员会管理这笔资金，经统计，他的遗产当年就有3100万克朗，大约合980万美金，这个数字即使在现代也是一笔巨额财产了。在他过世后，遵照诺贝尔的遗言，这笔遗产大部分作为基金，将每年所得利息分为五份，设立物理、化学、生理或医学、文学及和平五种奖金（诺贝尔奖），授予世界各国在这些领域对人类做出重大贡献的人[①]。

因为一代伟人——科学巨匠诺贝尔是在1896年12月10日的下午4：30在圣利摩的米欧尼德庄逝世，从那以后，为了纪念这位对人类进步和文明作出过重大贡献的科学家，诺贝尔奖的发奖仪式都是定在下午举行。

在他逝世后5年，也就是1901年12月10日的下午，依照诺贝尔的遗嘱，在斯德哥尔摩举行第一届诺贝尔颁奖典礼[②]。目前这是世界上公认的在所颁奖的领域内最重要的奖项，我们熟知的居里夫人和爱因斯坦都曾是诺贝尔奖的获得者，中国的

① 瑞典博物馆首次展出诺贝尔遗嘱手稿，见http：//www.chinanews.com/tp/hd2011/2015/03-19/495089.shtml

② 阿尔弗雷德·伯哈德·诺贝尔（1833—1896）生平。

屠呦呦和莫言也分别在 2015 年和 2012 年获得诺贝尔奖。截至 2018 年，诺贝尔奖共授予了 904 位个人和 24 个团体，可以说诺贝尔先生无论是生前还是逝去，都为世界文明和科学的进步作出了不可磨灭的贡献。

第二十三章 爱因斯坦和原子弹的诞生

爱因斯坦是19世纪最伟大的物理学家，他提出来的一些理论，在很大程度上推动了世界物理的发展，可以说他的思想在那个时候已经超越了很多人，因此他被称作是世界上最聪明的大脑，甚至他死后大脑被人偷去研究其中的奥秘。也就是这颗大脑发现了相对论，让原子弹诞生于世界。

1945年8月6日8时15分，伴随着飞机的隆隆声，美军一架B-29轰炸机飞临广岛市区上空，投下一颗原子弹。在原子弹巨大的冲击波作用下，广岛市一瞬间被强大的死亡之光笼罩，化为一片废墟，无数人尸骨无存，广岛死伤总人数高达20余万。这就是人类历史上首次将核武器用于实战的广岛案例，广岛成为世界上第一座遭受原子弹轰炸的城市，那枚导弹就是代号为“小男孩”的第一枚原子弹，它的爆炸威力约为1.4万吨梯恩梯。

原子弹的威力如此巨大，它又是谁创造出来的呢？说起原子弹的由来有一个人功不可没，他就是阿尔伯特·爱因斯坦（公元1879年3月14日—1955年4月18日）。爱因斯坦出生于德国符腾堡王国乌尔姆市一个犹太人家庭（父母均为犹太人），被公认为是继伽利略、牛顿以来最伟大的物理学家。

爱因斯坦幼年不像其他孩童那样喜欢表达，大约到了3岁才开始说话，父母一度很着急，担心小爱因斯坦是否患了疾病，但医生检查后认为他只是不爱讲话而已。爱因斯坦特别喜欢用自己的眼睛观察这个世界，用脑思考问题，这使他显得和那些活泼的孩子格格不入，因为没有人喜欢和他玩耍，也使他有了更多的时间去观察和思考。他喜欢独自一人默默地观察大自然中的一切新鲜事物，喜欢看花开的样子，寻找叶落的痕迹，听鸟儿鸣叫，追随光的踪影。没人知道他那小小的心灵里究竟藏了多少秘密，这大概也是科学家与众不同之处吧。

爱因斯坦幼时受母亲影响很大，他的母亲玻琳是一位受过中等教育的家庭妇女，非常喜欢音乐，经常弹琴给家人听。有一次，母亲坐在钢琴旁，双手轻轻地抚弄琴键，优美的乐曲如山间淙淙的溪流，又如晨间清爽的春风流泻而出，这美妙的音乐忽然打动了小爱因斯坦的心，他不由得慢慢走过去，依偎在母亲身边，静静地听着，仿佛迷醉在一个美妙的音乐世界。母亲发现了，带着他用小手弹奏出几个清脆的音符，随着音乐的声音，小爱因斯坦一头扑进了一个美丽、和谐和崇高的新世界，这个世界和自然界一样给予他无穷的自由的思想。

聪明的小爱因斯坦很快就能演奏莫扎特和贝多芬的奏鸣曲了，母亲很高兴，她坚信自己的孩子不是别人认为的痴呆儿，他只是一只晚点起飞的雄鹰，更别说这只小鹰还很有音乐天赋，说不准孩子将来会怎样发展呢。可以说如果没有那个小罗盘的出现的话，小爱因斯坦真的也许会朝音乐的方向走去，但是缘分就是这样奇妙，在爱因斯坦 4 岁的时候，一只可爱的小罗盘闯进了他的世界，从此引领了一代科学巨匠的一生。

爱因斯坦 3 岁时，他的父亲赫尔曼·爱因斯坦和叔叔雅各布·爱因斯坦合开了一个为电站和照明系统生产电机、弧光灯和电工仪表的电器工厂。父亲很疼爱终日沉默不语的小爱因斯坦，总是想办法给孩子解闷。一天，父亲拿回来一个小罗盘，这个小罗盘小小的，可爱极了，顿时吸引了小爱因斯坦的注意力。他两手捧着罗盘，仔细观察罗盘，发现罗盘中间有一根针，那根针在轻轻地抖动指着北方。小爱因斯坦想知道它会不会转动，但是无论小爱因斯坦走到哪里，那根针始终指着北边。咦？很奇怪啊！他把盘子又反过来转过去，可那根针照旧顽强地指着北边。小爱因斯坦非常惊讶，这根针的四周什么也没有，那么究竟是什么东西使它总是指向北边呢？他想一定有什么东西深深地隐藏在事情后面。这次奇特的经历对他后来的科学思考与研究产生了极为重要的影响，因为这根小小的磁针唤起了一位未来的科学巨匠的好奇心，而好奇心是科学萌芽需要的最肥美的土地。从那以后，他更加注意观察和思考世界上那些看起来奇妙无比的事物。

小爱因斯坦9岁那年进入路易波尔德高级中学学习，在这所学校里，他受到严格的宗教教育，接受了受戒仪式，学习了两年。但小爱因斯坦并不喜欢这里刻板的、直接灌输答案的教育方法，他更喜欢通过自己的观察和思考主动寻求解决问题的学习方式，可是这里的老师不喜欢这样的学生。他的数学水平已经超过了一般的师生，他总是提出一些古怪的问题向老师求证，那些问题同学不懂，老师回答不出来。渐渐地，老师们和同学越来越不喜欢他，觉得他总是这样标新立异，再加上他性格孤僻，不善交际，和同学、老师的关系搞得很僵，经常受到同学和老师的冷落厌恶，有时甚至被同学和老师公开嘲笑辱骂。内心敏感的他深感痛苦，因为在这里他体会不到学习的快乐，他的内心渴望更自由和充满想象的学习的天空。这时，他的叔叔雅各布·爱因斯坦看到了他的困境，开始教他学习代数和几何。雅各布叔叔是一位电力工程师，他和爱因斯坦的父亲合开了一家电气公司，为人和蔼，善于和小孩沟通。他经常应小爱因斯坦的提问给他讲解关于电气、电磁方面的知识，他还非常善于把枯燥的数学知识变成生动形象的事物讲给小爱因斯坦听。比如他把代数

里的寻求未知数 x 的过程比喻为猎人打猎，生动形象的语言逗得小爱因斯坦直笑。此后，爱因斯坦对数学的兴趣直线上升，甚至有一次自己推导出来勾股定理，得到雅各布叔叔的赞扬，这让爱因斯坦饱受误解的心灵得到很大满足，更加激发起他对数学的痴迷。俗话说得好："兴趣是最好的老师。"从那以后，小爱因斯坦对数学紧追不舍，早早就发现了数学之美，也为后来在物理学方面的成就打下了良好基础。

那么爱因斯坦后来为什么没有成为伟大的数学家，而是成为一位了不起的物理学家呢？那是因为爱因斯坦遇到了生命中的转折点。

在伟大的科学家们的生涯中，往往都有这样一段神奇的转折存在，其中最重要的转折点往往都是因为在青少年时代受到了某种重要的启发，有的是遇到了一个重要的人起了关键的引导作用，也有的是读了一本引起无限好奇的著作，从而对他们的命运产生重大影响。爱因斯坦也是这样，他在 10 岁时，无意中和父亲帮助的一位犹太大学生麦克斯·塔尔梅成为朋友，两人对于数学方面的交流很是顺畅，爱

因斯坦在学校里从没有遇到可以这样交流的人，他把自己对于数学方面的心得一吐为快，塔尔梅也是推心置腹地应答。小爱因斯坦难得如此开心，很快，爱因斯坦竟然在数学方面远远超越了大他 11 岁的塔尔梅。爱因斯坦并不满足，他那充满求知欲的大脑如饥似渴地追寻着数学的美，他兴致勃勃地开始自学微积分，但他那时只有 12 岁，麦克斯·塔尔梅看他如此好学，赠送他一本关于欧几里得平面几何的小书。这本书里有许多断言，比如，三角形的三个高交于一点，它们本身虽然并不是显而易见的，但是可以很可靠地加以证明，以至任何怀疑似乎都不可能。这本书如惊天之斧给爱因斯坦带来了石破天惊的感觉，他像跋涉在数学森林中的旅人，突然之间找到了一条光明大路。这期间爱因斯坦把这本书读了很多遍，他对数学更有兴趣了，学习过程给爱因斯坦的印象之深、快乐之深并不亚于雅各布叔叔带他初窥几何门径时的畅快。但是带爱因斯坦走上物理学之路的并不是这本书，他还幸运地读了塔尔梅推荐给他的另外一本书：亚伦·伯恩斯坦写的《自然科学大众丛书》，这是一本普通的科学自然丛书，但是又不普通，因为书中介绍了大量关于作者亲自参与的实验，用生动有趣的语言记录了实验的过程和结果，甚至还提出了光速的概念。这本书对当时的爱因斯坦来说，像是给他打开了世界的另一扇门，他聚精会神地阅读了这部著作，像小蜜蜂吮吸花蜜一样贪婪地吮吸着书中的理念，他从中知道了整个自然科学领域里的主要成果和方法，他不由得想起自己小时候产生的关于光的联想，并对研究光的速度产生了极大的兴趣，这部著作可以说是爱因斯坦踏进物理学领域的启蒙老师。后来，他还读了很多康德的哲学著作，这种晦涩艰深的著作一般人读起来都很吃力，但小爱因斯坦却是受益匪浅，不得不说，爱因斯坦的确有一个神奇的大脑。也由此可见，对于伟大的头脑，那些适用于普通人的教育方法实在不合适，而我们中国古代的孔子先生提倡的因材施教的方法也许是最好的。对待天才学生，教师或许最该做的不是以自己的经验去灌输知识，也不是教他们如何去学习，而是要让他们有更多的阅读机会，给他们发现思维奥妙的资源和实践的机会，从而引发他们热爱学习，乐于去发现和探索事物的兴趣。

1894 年，爱因斯坦 15 岁，因父亲要重振事业，一家人迁至意大利米兰。爱因斯坦在 16 岁那年自学完微积分，他野心勃勃打算直接考入大学。但是天才之路并不是一帆风顺的，当年他第一次在瑞士理工学院的大学入学考试失败，但他读的哲学给了他很大支撑，让他经受住了这次打击。在同年，他接受了联邦工业大学校长以及该校著名的物理学家韦伯教授的建议，在瑞士阿劳市的州立中学念完中学课程，以取得中学学历。17 岁时他进入了瑞士科技学院。冷静下来的爱因斯坦开始大量阅读，他广泛地阅读了赫尔姆霍兹、赫兹等物理学大师的著作，他最着迷的是麦克斯韦的电磁理论。在此期间，他再次和僵化的学校教育体制发生矛盾，他的智力和学习能力已经远远超越同龄的同学，但他又不喜欢被迫去学习一些在他看来毫无兴趣的学科，因而受到一些老师的排斥。但他强大的内心抵御住了周围的冷漠和排斥，他已经确定物理学是自己一生将要追寻的方向，于是一门心思沉浸于自己感兴趣的学习研究中，开始思考当一个人以光速运动时会看到什么现象，并逐步形成了自学本领、分析问题的习惯和独立思考的能力。

爱因斯坦的好学达到了什么程度呢？有一个故事可以说明。爱因斯坦成名后，有许多人整日追寻他的踪影，总想从他口中得到一些学习秘籍。一次，一个爱说废话而不爱用功的青年，整天缠着爱因斯坦，要他公开成功的秘诀。爱因斯坦实在不胜其烦，便写了一个公式给他：

$$A = x + y + z$$

青年不解，好奇地问是什么？爱因斯坦解释道："A 代表成功，x 代表艰苦的劳动，y 代表正确的方法……"

"z 代表什么？"青年迫不及待地问。

"代表少说废话。"爱因斯坦说。

青年羞愧而去，从此再也不来纠缠爱因斯坦了。

1900 年 8 月，21 岁的爱因斯坦顺利毕业于苏黎世联邦工业大学。几年的学习没有白费，他不但确定了自己今后的学习和研究方向，并于 12 月完成论文《由毛细管现象得到的推论》，次年发表在莱比锡《物理学杂志》上，在这一年 5—7 月完成电势差的热力学理论的论文。这是他初出茅庐一个小小的成果，他也凭此加入瑞士国籍。但是，正如古人所说："天降大任于斯人也，必先苦其心志，劳其筋骨，饿其体肤，空乏其身。"爱因斯坦初涉社会也同样遇到了艰难，由于他在学校的人缘不好，没有老师肯给他写推荐信，不谙世事的爱因斯坦找不到工作，这期间爱因斯坦的生活是非常清苦的，几乎失业一年半，只能靠做家庭教师和代课教师赚得一点小钱养活自己。就是这样，爱因斯坦也没有放弃学习和研究，后来，幸运的是，

有一位关心并了解爱因斯坦才能的同学马塞尔·格罗斯曼帮助了他，介绍爱因斯坦到瑞士专利局去做一个技术员，并在这里工作了7年之久。在工作中，爱因斯坦再次发挥了他善于观察和思考事物本质的能力，细审清理各种申请专利，在这个过程中激发起他对太空及时间的想法，他利用一切空余时间疯狂学习和研究。丰厚的知识积累加上天才的头脑，1905年3月，26岁的爱因斯坦如火山爆发一般先后发表了6篇论文，其中有量子论，他提出光量子假说，解决了光电效应问题。同年4月，他又向苏黎世大学提出论文《分子大小的新测定法》，并因此取得博士学位。这两篇论文深具革命性，不但解决了光电效应问题，后来还使他获得了1921年的诺贝尔奖。

这两篇论文虽然厉害，但爱因斯坦的第三篇论文更令世人震撼。同年5月，爱因斯坦的论文《论运动体的电动力学》横空出世，宛如在学术界投下了一颗原子弹，这篇不朽的杰作独立而完整地提出狭义相对性原理，从此开创了物理学的新纪元。又过了十年，爱因斯坦又提出了广义相对论原理。有人说，20世纪物理学有三大贡献，即狭义相对论、广义相对论和量子理论。其中两个半都是爱因斯坦创造的，它们成为后世宇宙空间理论的基础，如现在人们热衷谈论的黑洞、量子霍尔、多重宇宙等，都是从相对论发展出来的，而这些理论，至今仍是物理学的前沿研究领域。可见，在过去100多年里，相对论对物理学领域产生了多么大的影响。

相对论刚发表的时候在科学界掀起了轩然大波，有些人知道这是伟大的理论，崇拜得无以复加，也有很多人看不懂这是什么理论，摇头否认，还有些居心叵测的人故意鼓动群众去质问爱因斯坦。有一次，一些人来到从德国移居美国的科学家爱因斯坦的住宅前，大声鼓噪，叫爱因斯坦出来，要他用“最简单的话”解释清楚他的“相对论”。正在思考问题的爱因斯坦被吵得没法思考，只好走出住宅，对大家说：“比方这么说——你同你最亲的人坐在火炉边，一个钟头过去了，你觉得好像只过了五分钟！反过来，你一个人孤孤单单地坐在热气逼人的火炉边，只过了五分钟，但你却像坐了一个小时。——唔，这就是相对论！”找事的人面面相觑，灰溜溜地走了。

那么究竟什么是相对论呢？它和原子弹有何关系呢？简单说，它是关于时空和引力的理论，它发展了牛顿力学，并把物理学发展到一个新的高度，它提出了“同

时的相对性”“四维时空”“弯曲时空”等全新的概念。具体地说，爱因斯坦认为，光的速度在太空中运行可设定是一定值，即不受其他光源或测光器的影响或干扰，也就是说光速并不因观察者的速度而改变。如果这是确定的，则没有两个观察者以不同速度行动时可以获得事件发生的时间。光速是不变的常数时，则时间和空间是参考坐标。可以说相对论具有物理机械性，但在某些方面，则与我们一般直觉的空间与时间概念相反。不仅如此，爱因斯坦还提出了有名的方程式：能量等于质量乘光速平方。正是因为这个公式，人们知道了质量可以转化为能量，从此拉开了原子弹诞生的序幕。

米兰·昆德拉有句名言：“人类一思考，上帝就发笑。”但爱因斯坦开始思考后，上帝却笑不出来了。想知道爱因斯坦的相对论有多么厉害，你只要看看投向广岛的那颗“小男孩”原子弹就知道了。但爱因斯坦原意绝对不是制造杀戮和战争，而是要制止战争。他反对法西斯灭绝犹太人的暴行，他反对狭隘的犹太民族主义，他也反对美国的种族歧视政策，他支持列宁的十月革命，他关心一切受剥削和压迫的国家和民族。

由于爱因斯坦的进步活动，又因为他是犹太人，遭到德国纳粹分子的疯狂迫害，他在柏林的住屋被查抄和捣毁，他的财产被没收，他的著作被焚毁，纳粹还悬赏两万马克要杀害他。但他不顾个人安危，大声疾呼，指出法西斯就意味着战争，和平必须用武装来保卫，同时在1939年8月2日上书罗斯福总统建议制造原子弹以抵制纳粹制造新式武器，但当他知道德国没有制成原子弹，而美国已造出原子弹后，他的心情感到沉重和不安，因为他知道原子弹毁天灭地的巨大能量。他后悔地说，如果他知道德国不会制造原子弹，他就不会为“打开这个潘多拉魔匣做任何事情”。

1955年，当爱因斯坦知道美国对广岛、长崎投下原子弹，杀伤许多平民时，他感到非常痛心，整夜难眠，痛悔自己打开了潘多拉魔匣，放出了恶魔。后来，悔恨中的爱因斯坦与罗素联名发表了反对核战争和呼吁世界和平的《罗素—爱因斯坦宣言》。其实，科学家没有错，像发明炸药的诺贝尔和发明原子弹的爱因斯坦，他们的发明创造都是有益人类的，真正作恶的不是炸药和原子弹，而是操控炸药和原子弹满足自己的丑恶欲望的反人类的统治者。

也许是忧思成疾，1955年4月18日，人类历史上最伟大的科学家，阿尔伯特·爱因斯坦因主动脉瘤破裂逝世于美国普林斯顿。一时间，举世同悲。如同生前的不爱虚荣的爱因斯坦一样，他留下遗嘱，死后不发讣告，不举行葬礼，捐献自己的大脑供给医学研究，火葬身体，不要坟墓不立碑。正如他生前所向往的，他把伟大业绩和精神永远留给了人类，自己却回到了大自然的怀抱！

第二十四章
神奇的第三次
科技革命

人类历史上所有的革命都出自于人类发展的需要，极大地推动了人类社会经济、政治、文化领域的变革，而且也影响了人类生活方式和思维方式，使人类社会生活和人的现代化向更高境界发展。而第三次科技革命是科技革命中具有飞跃意义的一次革命，是人类文明史上不容忽视的一个重大事件。

随着广岛上空“小男孩”腾起的巨大蘑菇云，人类第三次科技革命事实上已经来临。那么什么是第三次科技革命呢？大约从20世纪40—50年代起，一场以原子能技术、航天技术、电子计算机技术的应用为代表，还包括人工合成材料、分子生物学和遗传工程等高新技术的开发和运用开始了，被称为“第三次科技革命”。事实上人类从工业化时代进入我们正在经历的信息时代，实际上也就短短30年，这是人类文明史上科技领域里的又一次重大飞跃。

在这个科技大爆炸的年代里，各个领域的各种先进的科学技术风起云涌，层出不穷，变化之快让人目不暇接。自从莱特兄弟发明了飞机，人类实现了飞天梦后，各国航天事业日新月异，发展迅速。1957年，苏联首先成功发射了世界上第一颗人造地球卫星，开创了人类空间技术发展的新纪元。紧接着美国也不甘示弱，于1958年发射了一颗人造地球卫星。1959年苏联再接再厉，发射的“月球”2号卫星成为最先把物体送上月球的卫星，苏联宇航员加加林又在1961年乘坐飞船率先进入太空。美国紧随其后，开始了60年代规模庞大的登月计划，1969年7月21日时，美

国宇航员阿姆斯特朗乘坐阿波罗 11 号顺利登月，并在月球表面迈开了具有划时代意义的一步。1970 年，中国第一颗人造卫星“东方红 1 号”成功升空！2003 年 10 月 15 日，中国宇航员杨利伟乘坐由长征二号 F 火箭运载的神舟五号飞船成功进入太空；2007 年 10 月 24 日，嫦娥一号成功奔月；2016 年 9 月 15 日 22 时 04 分 09 秒，天宫二号空间实验室在酒泉卫星发射中心发射成功。总之，人类的宇航事业得到空前发展，空间活动由近地空间为主转向飞出太阳系。

近年来，高温超导成为热门的研究项目，为人类探索新能源起了重大作用。它的发现者是美国物理学家约翰·巴丁（John Bardeen）。1908 年 5 月 23 日约，翰·巴丁出生于美国威斯康星州的麦迪逊。他的父亲查尔斯罗塞尔·巴丁，是威斯康星大学医学院的解剖学系主任，他的母亲西巴哈玛巴哈是一位艺术家。巴丁父母亲很会教育孩子，经常鼓励巴丁大量阅读，让他去钻研自己喜爱的事物，因此，巴丁很小的时候就表现出超人的学习能力，他在学校的表现极为优秀，对数学特别感兴趣，他十岁时便自学了代数，并因此直接跳了好几级，神童名气一时传扬开去。由于他学业成绩优异，15 岁时便考进威斯康星大学，他特别喜爱英国理论物理学家保罗·狄拉克（公元 1902 年 8 月 8 日—1984 年 10 月 20 日）的《量子力学原理》，对数学、物理学特别感兴趣。

1948 年，巴丁和布莱使用锗结晶发明了能扩大音频信号的“点接触”装置，这项发明对于工业技术的影响至关重要，后来由此发明了集成电路和硅芯片。晶体管诞生后，首先在电话设备和助听器中使用。逐渐地，它在任何有插座或电池的东西中都能发挥作用了。将微型晶体管蚀刻在硅片上制成的集成电路，在 20 世纪 50 年代发展起来后，以芯片为主的电脑很快就进入了人们的办公室和家庭。由于此项贡献巨大，1956 年，巴丁、夏克里和布莱登共同获得诺贝尔物理学奖。超导现象其实最早是 1911 年荷兰物理学家欧尼斯偶然发现的，他看到在很低的温度下水银突然失去对电流的阻力，但当时欧尼斯并不了解这是超导现象，也没有在意。巴丁注意到这一点后对此却极有兴趣，他与纽约的科学家寇柏和研究生休里夫不断研究，终于发现了超导电性的秘密，这项发现可以说为后来的航天技术打下了基础。1957 年，他们创立了以他们的名字的首字母命名的 BCS 理论。因为 BCS 理论，1972 年巴丁、寇柏和休里夫获得诺贝尔物理奖，而巴丁成为第一位在相同的领域得到两次诺贝尔奖的科学家，另一位是居里夫人。巴丁他们发现的高温超导的材料成为一个实用的

目标，在后来人类研究核聚变能源项目中起了重要作用。虽然目前核能还没有完全被科学家攻克和利用，但是科学家已经研究发现核聚变用的燃料氘在海水中储藏丰富，在一升海水中就可提取 30 毫克氘，然后通过聚变反应就能释放出相当于 300 公升汽油的能量，这是多么巨大的宝藏啊！一旦超导技术继续突破，核能被人类完全开发掌控，这种既廉价又无污染的能源几乎永不枯竭，那么人类的交通工具和宇航事业都会飞跃一个新台阶，我们在电视电影中看到的空中飞车、星际航行将可能实现。

第三次科技革命带来的神奇变化最令人惊艳的还属计算机的变化。计算机也和人类发展历史一样经历了几个不同的时代。在远古时代，聪明的人类为了交流，就已经会结绳计数等计算方法了。而古巴比伦则发明运用“60 进位法”。第一次科技革命后，微积分的出现使计算方法变得更厉害了，不但能算出地球的历史，还能算出星际的距离，但那时基本都是靠手工计算。

真正的计算机的出现是在第二次世界大战期间，因为美国陆军急于做火炮的弹道实验，但是计算速度实在太慢，迫于形势，军方开始计划研制新一代的计算机。

承担开发任务的“莫尔小组”由四位科学家和工程师埃克特、莫克利、戈尔斯坦、博克斯组成。1945年，拥有1.8万个电子管的多用途计算机终于研制成功，并且用几位科学家的首字母命名为“ENIAG（埃尼阿克）”，它每秒钟可以运算5000次，但它实在太大了，长30.48米、宽6米、高2.4米，占地面积约170平方米，真是个庞然大物。“ENIAC”使用的是十进制，算起来还是太慢，运用起来也很烦琐，每算一个题目要事先把程序设计出来，还要花一个多小时把各种电线插好，然后开始运算。如果换个题目，前面的都要归零，然后这个过程就要重新开始。幸运的是，在研制计算机的过程中，数学家冯·诺依曼（公元1903—1957年）参与进来，他当时正在参与研究原子弹的设计，于是把许多研究的问题带到了这项研究中，给了很多支撑。他根据机器运算的特点，把十进制改为二进制，大大减少了运算程序，他还把计算机的结构分为运算器、控制器、存储器、输入设备和输出设备五大块，这样缩小了计算机的体积，但是计算机通用性的问题还是没有得到解决。

解决计算机通用性问题的科学家是一位在历史上颇有争议的天才科学家，他就是英国著名的数学家和逻辑学家阿兰·麦席森·图灵（公元1912年6月23日—1954年6月7日），后人称他为计算机科学之父、人工智能之父，原因就是他提出了“图灵机”和“图灵测试”等重要概念。

图灵，1912年生于英国伦敦，他的家族很不简单，可以说是家学渊源。图灵的家族成员里有三位当选过英国皇家学会会员，他的祖父还曾获得剑桥大学数学荣誉学位。图灵很小的时候就聪慧过人，像每一个天才一样，他很早就自己学会了阅读，3岁时读的第一本书叫作《每个儿童都该知道的自然奇观》，他充满好奇与想象的小心灵深深为之着迷。他特别喜欢观察和探究事物不同的特性，读完书后，他居然异想天开地把自己最喜欢的一个玩具木偶的胳膊、腿掰下来栽到花园里，以为能像书里所说的那样生长出更多的玩具木偶。他最喜欢数字和智力游戏，经常缠着母亲玩数字估算游戏。和小朋友们踢足球的时候，他也仔细观察、估算每次足球飞出边界的角度，单调的数字却给他带来极大的乐趣。

8岁时，他写了自己人生中第一篇“科学”小短文，题目叫《说说显微镜》，父母对他大加鼓励，小图灵学习的劲头就更足了。他16岁读中学时就读了爱因斯坦的相对论，聪明的图灵不但很容易就理解了相对论的内在含义，并且敢于去尝试推导力学定律。他爱读书，爱观察，对数字极其敏感，可以说除了文科知识，他都很感兴趣。他曾经细心观察小动物，但他不是像生物学家达尔文那样追寻生命的由来，而只是了解动物的各个器官的性质，然后用数学的方法进行研究论证，这也算是独树一帜了。1931年，图灵不负众望，考入剑桥大学国王学院，这是个管理严格、讲究学习的地方，他如鱼得水般饥渴地学习着数学知识，在这里，他的数学能力得到充分的发展，在学院里成为一颗冉冉升起的数学天才明星。他的第一篇数学论文《左右周期性的等价》发表于《伦敦数学会杂志》上，受到很高的评价。同年，他再接再厉，写出《论高斯误差函数》一文，这一论文使他直接获得当选国王学院的研究员的殊荣，成为学院有史以来最年轻的研究员，还因此荣获英国著名的史密斯（Smith）数学奖，一时名声大振。1937年，他的论文《论可计算数及其在判定问题中的应用》发表于《伦敦数学会文集》第42期上，立即引起科学界广泛的注意，人们都说，一颗数学新星升起了。图灵不负众望，第二年，在普林斯顿获数学博士学位，论文题目为《以序数为基础的逻辑系统》，提出著名的“图灵机”的设想。

什么是图灵机呢？其实图灵机不是一种具体的机器，而是一种思想模型，可制造一种十分简单但运算能力极强的计算装置，会读写，会识别运算过程，可以用来计算所有能想象得到的可计算函数，它的基本思想是用机器来模拟人们用纸笔进行数学运算的过程。图灵的这个思想使计算机由十进制改为二进制，可以读入一系列的零和一，这些数字代表了解决某一问题所需要的步骤，按这个步骤走下去，就可以解决需求的大部分问题，而不再像以前的计算机只能解决某一项特定问题，从而彻底解决了前面科学家们头痛的计算机的通用问题。

不仅如此，图灵在他那篇著名的文章里，还进一步设计出被人们称为“万能图灵机”的模型，它可以模拟其他任何一台解决某个特定数学问题的“图灵机”的工作状态。他甚至还想象在带子上存储数据和程序。“万能图灵机”实际上就是现代通用计算机的最原始的模型。

会编程的人应该都知道，以前使用的BASIG语言，用这套语言编程时要使用的Head、Table等，就是从这个模拟假象的图灵机而来。从图灵之后，计算机才真正有了精灵般的生命，是图灵给计算机注入了灵魂，怪不得称图灵为现代计算机之父呢。

图灵是个数学天才，更是个不可多得的怪才。在第二次世界大战中，纳粹军队野心勃勃妄图征服世界，英国很快也成为希特勒的目标，但很不幸，他们遇到了图灵，图灵以他神奇的天才之力给战争带来了转机，结果盟军重创德国纳粹军队。那是 1939 年 9 月 4 日，图灵应征入伍，被带到一个叫“庄园”的地方，那里其实就是英国情报部门为破解法西斯德国密码而设立的破译机构。要知道，在战争中情报就是胜利的关键，盟军部队被纳粹打得节节败退，这时，图灵临危受命，挺身而出，带领 200 多位密码专家，夜以继日地研究，终于研制出名为“邦比”的密码破译机，破译了大量的纳粹情报。这下子，对于纳粹的行动，英国军方了若指掌，盟军很快占据了战场的主动性，图灵可以说在这场战争中立下巨大的功劳。接着图灵再接再厉，又研制出效率更高、功能更强大的密码破译机“巨人”，将“政府编码与密码学院”每月破译的情报数量从 3.9 万条提升到 8.4 万条。图灵在“庄园”里的杰出贡献使德国极其复杂的“Enigma（迷）”式密码机成为废物。为了表彰图灵在“二战”中的卓越贡献，1946 年英国政府授予图灵“不列颠帝国勋章”。1966 年，美国计算机协会还为奖励在计算机事业上作出重要贡献的个人设立了图灵奖（Taring Award），这也是目前世界公认的能够比肩诺贝尔奖的计算机领域最高的奖项。

由于图灵的突出贡献，英国首相布朗曾在他的文章里高度赞扬图灵：“如果没有图灵的卓越贡献，‘二战’的历史也许会被重写。”但遗憾的是，这样一位天才的计算机科学巨匠却在 1954 年 6 月 7 日因食用浸染过氰化物溶液的苹果死亡，死时年仅 42 岁。

有人说，美国的苹果电脑公司创始人史蒂夫·乔布斯（公元 1955—2011 年）是为了纪念图灵在计算机方面的天才贡献，才将发明的电脑命名为“苹果”，并将公司标志设计成被咬掉一口的苹果形状，这种说法却被苹果公司否认了。但无论如何，不可否认的是，苹果公司的创立者乔布斯接续了图灵的天才之路，把电脑变成了人类再也离不开的神奇的生活伴侣。

史蒂夫·乔布斯（公元 1955 年 2 月 24 日—2011 年 10 月 5 日），生于美国旧金山，他一出生就被父母遗弃。幸运的是，他遇到了保罗·乔布斯和克拉拉·乔布斯，这对善良的夫妻领养了他，并且尽力让他小的时候受到很好的教育。乔布斯小时候性格比较孤僻，但特别聪明，从小就迷恋电子学，一次聚会中他初次看到了电脑这个有趣的东西，引起他的好奇心，从此念念不忘。后来他终于在计算机领域大展身手，创下不世之功。

痰盂

19 岁那年，乔布斯只念了一学期就因为经济因素而休学。为了谋生，乔布斯来到雅达利电视游戏机公司求职，成为其中一名职员。乔布斯没有因为平凡的生活和普通的工作失去自己的梦想，他一边工作一边学习。精力充沛、爱好广泛的乔布斯有时空闲了还到社区大学旁听书法课等课程，他如饥似渴地汲取知识，积极储备力量，这期间受到了很好的美育熏陶。他还常常与后来的合作伙伴沃兹尼亚克一道，在借住的小车库里琢磨怎样购买配件安装电脑，因为当时市面上卖的电脑都是商用的，极其昂贵，他们根本买不起。于是两个小伙伴雄心勃勃地准备自己开发。说干就干，少年人的热情如火山喷发，什么困难都无法阻止。没有芯片，他们就自己跑到旧金山威斯康星计算机产品展销会上去淘宝。功夫不负有心人，他们俩想尽办法，终于低价买到了 6502 芯片。这小小的优惠让他们热情高涨，回去后，两个年轻人废寝忘食地反复研究组装，一次次地尝试，终于，他们装好了第一台电脑，而且使用起来效果不错，不亚于那些价格昂贵的商用电脑。两个小伙伴欣喜若狂，这次成功的尝试给了他们很大鼓舞。这时，一个伟大的梦想出现在乔布斯的脑海，他决心要成立自己的电脑公司，要研究发展电脑，让它成为人们工作生活的得力助手。随后，21 岁的乔布斯与 26 岁的斯蒂夫·沃兹尼亚克卖掉车子和手里一些值钱的东西，筹措了 1300 美元，简简单单地在两人经常活动的车房里成立了后来闻名世界的苹果公司。公司的名称由乔布斯定为苹果（不知道乔布斯当时想了什么），而他们的自制电脑则当然就成为“苹果 I 号”电脑了。

乔布斯和伙伴本以为开了公司会财源滚滚，但是世界上没有一帆风顺的事情，两人建立的苹果公司没有想象的那样生意火爆，甚至开始时根本无人问津，这让两人一度焦虑不已。但最终乔布斯不畏艰难坚持做了下去，他觉得自己对电脑前景的预感是正确的，他们研发的电脑一定会有发展的机会。果然，一次偶然的机会，公司的电脑打开了销路，公司以火箭一样的速度迅速发展起来，钱财也像雪球一样越滚越大。但有远见的乔布斯没有满足，他敏锐地意识到电脑的研发要跟进，他招揽人才，建立研发部门，推陈出新。1977 年 4 月，苹果 2 号样机展示出来后，人们惊艳不已，一时间，订单如雪片般源源不断而来，公司也趁机不停融资扩大，最终发展成为上市公司。1980 年 12 月 12 日，苹果公司股票公开上市，创造了在不到一个小时内 460 万股全被抢购一空的奇迹。

成功之路不会一帆风顺，1985 年 9 月 17 日，对乔布斯来说是难忘的一天，作为公司创始人的乔布斯竟然被公司驱逐出权力中心，而原因只是公司暂时业绩不佳。要知道商场如战场，商情瞬息万变，怎么可能有常胜将军呢？乔布斯无奈而又坚决地离开自己亲手建立的苹果公司，但是他没有变得愤世嫉俗、自暴自弃，他坚信自己的经营理念是正确的。面对眼前的困境，他总结经验，独辟蹊径，从头再来。他凭着敏锐的直觉和丰富的经验，首先收购了一家经营不善的动画制作公司Pixar（皮克斯），成立了独立公司皮克斯动画工作室，然后开发了一系列电脑动画辅助系统，做出了3D动画产品，并在1995年推出全球首部全3D立体动画电影《玩具总动员》，一下子风靡全球，全世界巡演票房将近4亿美元，创造了动画界的奇迹。乔布斯不愧是高手，只是牛刀小试就使自己摆脱了困境，也使新公司成为众所周知的一颗新星。2006年，迪士尼公司看到乔布斯的3D电脑动画公司的巨大潜力想收购它，乔布斯的目标本不在此，也就顺势持股进入迪士尼公司，而且成为迪士尼最大个人股东。

回头再看苹果公司，曾经叫嚣赶走乔布斯的股东们离开了乔布斯并没有取得翻身之胜，没有了乔布斯的苹果公司仿佛再也没有了灵魂，经营惨淡，内忧外患频起，公司几乎濒临破产边缘。这时苹果公司那些高层董事们才发现苹果公司不能没有乔布斯，决定请回乔布斯。在这紧急关头，乔布斯放下个人恩怨，将自己的动画公司卖给迪士尼后，毅然重回苹果公司，重执舵盘。他如图灵附身，以敏锐的眼光、睿智的头脑，迅速推出一系列令世人惊艳的产品iMac、iBook、iPod、iPhone，这些苹果产品以优雅精致的外形和卓越的功能完胜同类产品，如同伊甸园里那枚著名的被咬了一口的苹果一般，获得大众的喜爱，苹果公司也起死回生，重新回到业界领头羊的位置。

为什么乔布斯能创造这样一个奇迹呢？首先，他追求完美的质量。乔布斯作为产品创造者特别注重产品的质量，这可能和乔布斯是个完美主义者有关。他认为，完美的质量没有捷径，必须将优秀的质量定位给自己的承诺，并坚定不移地坚持下去。他深信当对自己要求更高，并关注所有的细节后，产品就会和别人不一样。他做到了！其次，他讲求美学效应。乔布斯本身学识丰富，温雅端方，他不止在生活中讲求美，在产品中他也置入美学因素。1998年，当别人还沉醉在苹果手机销售的神话里时，乔布斯却清醒地意识到危机潜伏，他的美学素养使他敏锐地意识到此时的苹果产品看上去已经过时了。乔布斯及时召开了苹果公司的一个重要会议，并提

出了苹果产品的问题就是出在没有美学因素，今后的产品必须重视产品的每一个细节。于是，之后每一代苹果产品出世都注意了这个问题，即使性能与其他产品相距不大，单凭颜值也秒杀对手一片。再次，尊重市场。决定市场的是什么？是消费者的需求啊！乔布斯很懂得了解并尊重消费者心理，这是优秀企业家的独到之处。乔布斯就是这样，他采取各种直观方式咨询消费者，让消费者说出他们的需求并尊重他们的需求。苹果公司的产品在国际市场上独占鳌头这么多年，不能不说他们的确有独到之秘。

最后，还有最重要的一点，就像乔布斯自己所说的那样：“你必须找到你所爱的东西。”的确。只有真心热爱这项事业，才能创造奇迹！

在计算机界，能与乔布斯相提并论的同时期的商业奇才大概要数比尔·盖茨了。比尔·盖茨（Bill Gates），1955 年 10 月 28 日出生于美国华盛顿州西雅图，是美国著名企业家、软件工程师、慈善家以及微软公司的董事长。他和乔布斯颇有相似之处，首先就是他们小时候都受过很好的教育，但都没念完大学就开始创业了。他们还有个相似之处，就是都把自己的爱好发展成世界的标准。但盖茨和乔布斯不同的是，乔布斯做的是电子产品，而他做的是软件。盖茨就是凭着天才的编程能力和出类拔萃的经营能力成为计算机界的一个神话。

盖茨从小沉默而聪明，热爱读书，喜欢打高尔夫球和桥牌，但和许多天才儿童一样，他更喜欢默默地思考，他悟性奇高，学习能力相当强，尤其在计算机方面尤为出众。1968 年，盖茨与他湖畔中学的同学保罗·艾伦（Paul Allen）利用一本指导手册，开始学习 Basic 编程。当时该校只有一台 PDP-10 计算机，它使用时间的年度预算资金为 3000 美元，盖茨和艾伦敢学敢做，几个星期下来，两人收获不小，对这台机器也有了很深的了解，盖茨还发现了它程序上的一些漏洞。但不幸的是，仅仅几周内，他们俩居然花光了 3000 美元的预算，这该怎么办？就此止住学习的脚步？那可不行！可是 3000 美元的巨款也不是两个孩子能随便解决的，盖茨和朋友合计了一下，打定主意，居然和“计算机中心公司”（CCC）商谈起来，后来签订了一份协议。协议规定，盖茨和艾伦向 CCC 报告 PDP-10 存在的软件漏洞；作为回报，CCC 则向他们两人提供免费上机时间。就这样，危机解除，盖茨亲手打开了计算机世界的大门，从此，计算机行业就诞生了一位奇才。

1972 年，盖茨在读高中，他依旧对计算机热情不改，而且在这里收获了人生中

的第一桶金，他的第一个电脑编程作品——一个时间表格系统出世并被善于经营的盖茨卖给了学校，价格是 4200 美元。这在当时是一笔巨款了，这个小小的成功给了盖茨很大的鼓舞，他决定了自己今后的努力方向。

1973 年，盖茨以优异的成绩考进了哈佛大学，但他只喜欢与电脑为伍，他与同宿舍的史蒂夫·鲍尔默（Steve Ballmer）趣味相投，成为好朋友。1975 年，盖茨和艾伦编写出可在 Altair 8800 上运行的程序，出售给 MITS，这次他们可是狠狠赚了一大笔钱。这次胜利让盖茨再次坚定了自己将要走的路。第二年，盖茨和艾伦注册了“微软”（Microsoft）商标，打算在计算机领域大展身手。时隔两个月后，盖茨从哈佛大学辍学，只身前往美国新墨西哥州阿尔伯克基（Albuquerque）市，一边工作一边开办自己的公司。从那以后，盖茨凭借过人的智慧和精明的手腕带着他的公司开始了创业之路，因为当时计算机行业对于软件的需求极大，而盖茨和他团队的长项就是开发新的软件，于是，盖茨的公司业绩就像开了挂一样直线上升。他也曾和苹果公司合作，共同开发苹果的图形视窗系统，微软为苹果的图形视窗设计了文字处理软件 Word 和表格处理软件 Excel。Macintosh（苹果电脑的操作系统）的成功与微软的帮助分不开，而盖茨也从合作中学到了很多东西，虽然盖茨和乔布斯中间也有过摩擦，但最终他们还是握手言和，最终他们是互相成就。盖茨在自己写的《未来之路》里说道：“在开发 Mac 机的整个过程中，我们都和苹果公司紧密合作。史蒂夫·乔布斯领导了 Mac 机研制小组，和他一块工作真有趣。史蒂夫有一种从事工程设计的令人惊讶的直觉能力，也有一种激励世界级人物向前的特殊本领。”

如今盖茨创立的微软公司不但让 Windows 成为电脑操作系统的一种工业标准，而且在互联网的各种应用程序上也独占鳌头，成为世界瞩目的一流大公司。公司的发展势头蒸蒸日上，盖茨在 39 岁就成为世界首富，可是盖茨却说：“我希望自己不是全球首富，这没有任何好处。”他把自己 580 亿美金的财富全部投入基金，用来帮助世界各国贫困中的人们，在人类的公益事业上作出了巨大贡献。美国前总统克林顿曾经这样评价他：“比尔·盖茨赚的钱比人类历史上所有人都多，他在努力把钱捐献出去。大多数人也许会把钱用在别的地方，或是只捐出一点点，并希望别人给他们别上勋章，而不是像比尔·盖茨那样，把全部的时间都用在寻找真正行之有效的东西。这就是他毕生的工作。”

盖茨不重视钱财，但是却很重视对下一代的教育，他从不娇纵子女，而是注重

半斤
八两

培养他们独立自主、乐于助人的精神。他自己是做软件出身，但是对女儿的家教却非常严格，他的女儿珍妮弗·凯瑟林·盖茨曾经有段时间迷恋上了网络游戏，盖茨看到了，毫不留情地规定迷恋电脑游戏的珍妮弗，每天使用电脑游戏时间不能超过45分钟，周末可以延长到一个小时。不管珍妮弗怎样生气他都要坚持，直到珍妮弗养成了非常良好的习惯，摆脱了网瘾。他还鼓励孩子平时积极参加各种公益活动，鼓励她周末和伙伴们一起做义工，因此他的孩子也成为积极乐观、富有爱心的人。

无论是图灵还是乔布斯或者盖茨，是他们为人类带来了神奇的第三次科技革命，他们用智慧和创造彻底改变了这个世界，改变了我们的生活。据说比尔·盖茨有三个理想：第一条就是让每个人都有一台电脑，都用上Windows系统；第二是消灭艾滋病、结核病和疟疾，让每个人都有平等的医疗机会；第三条则是让穷人用上清洁、经济的电，解决日益严峻的能源问题。为了这样高尚的理想，他在努力用数以亿计的财富帮助这个世界。希望盖茨的理想早日实现，那将会是人类最美好的一天！